知味

寻味历史

当宋词遇上美食

罗宝航 编著

北方联合出版传媒(集团)股份有限公司
万卷出版有限责任公司

图书在版编目（CIP）数据

当宋词遇上美食 / 罗宝航编著. — 沈阳 ：万卷出版有限责任公司，2024. 9. —（寻味历史）. — ISBN 978-7-5470-6564-8

Ⅰ. TS971. 2；I207. 23-49

中国国家版本馆CIP数据核字第2024WH0076号

出 品 人：王维良
出版发行：北方联合出版传媒（集团）股份有限公司
万卷出版有限责任公司
（地址：沈阳市和平区十一纬路29号　邮编：110003）
印 刷 者：辽宁新华印务有限公司
经 销 者：全国新华书店
幅面尺寸：145mm×210mm
字　　数：160千字
印　　张：8.5
出版时间：2024年9月第1版
印刷时间：2024年9月第1次印刷
责任编辑：邢茜文
责任校对：张　莹
装帧设计：马婧莎
ISBN 978-7-5470-6564-8
定　　价：39.80元
联系电话：024-23284090
传　　真：024-23284448

序

中国近代著名学者王国维有言："凡一代有一代之文学。楚之骚、汉之赋、六代之骈语、唐之诗、宋之词、元之曲，皆所谓一代之文学，而后世莫能继焉者也。"在悠久且辉煌的中国文学史上，唐代和宋代是两座并峙的高峰，素来享有"唐音宋调"的美誉。面对唐代诗歌所达到的空前的艺术高度，宋代的文学家并没有选择邯郸学步，而是决心努力"去耕种自己的园地"。在宋代文学家们的不懈努力之下，宋词终于诞生了。这是一条少有人走过的文学道路，一种足以媲美唐诗的文学类型，一项集中反映宋代精神风貌的文学成就。在这块崭新的文学园地里，有"大江东去"的引吭高歌，也有"晓风残月"的浅斟低唱；有"舞低杨柳楼心月"的雍容富贵，也有"梧桐更兼细雨"的黯然销魂。历经千年的风霜雨雪，那个曾经鲜活的宋代早已掩埋在历史的尘埃之下，而宋词为我们揭开了历史隐秘的一角，让我们可以由此窥视宋代人物的精神世界，跟他们一起体验悲欢离合，和他们共同感受欲望和人性。

在这众多的欲望之中，饮食无疑是一种最基本的诉求。《礼记》有云："饮食男女，人之大欲存焉。"中国不仅是诗歌的王国，同时也是美食的世界。从古至今，中国人一直延续着对于食物的赞美和讴歌，并在其中寄寓着自己的精神追求。在与文学史一样古老而辉煌的中国饮食史上，并不缺乏钟鸣鼎食之家，也涌现过采薇而食的伯夷、叔齐。光武帝久久不忘的豆粥，在石崇的金谷园里“咄嗟便办”。陆机盛赞东吴的“千里莼羹，未下盐豉”，张翰也思念故乡的菰菜羹和鲈鱼脍。毕卓对饮酒食蟹乐此不疲，而屈原和陶渊明又对菊花情有独钟。金樽清酒和玉盘珍馐，难以安慰李白壮志难酬的踟躇茫然。一盘槐叶冷淘，足见杜甫“一饭未尝忘君”的赤诚之心。懒残禅师在牛粪火中烤芋头，想来别有一番风味。苏东坡更是兼文学家与美食家于一身，不仅热爱美食，而且擅长烹饪美食，还创作了众多佳作来吟咏美食，这些诗至今仍然脍炙人口。事实上，除了苏东坡之外，其他的宋代文人也留下了大量描写美酒佳肴的清词丽句。宋词作为宋代文学的代表，自然保存了数量众多的相关作品。这是一笔丰厚的文化遗产，有待后人进一步发掘和弘扬。这本小书正是想要带领读者走进珍馐琳琅的宋词世界，一同欣赏“舌尖上的宋代”。

秉持这样的初衷，本书辑录了众多有关宋代美食的词作，按照不同的主题分为八章。宋代的饮食文化与季节时令息息相关。第一章主题为“节物风光”，取自于唐代卢照邻《长安古意》“节物风光不相待”之句。在隆重的节日盛宴之外，日常的五谷杂粮最能体现宋代生活的本真。第二章主题为“嘉谷蕃殖”，出自三国时期魏国阮籍的《东平赋》。山珍海味是宋代餐桌上一道亮丽的风景线。第三章主题为“山海珍错”，因唐代韦应物《长安道》有“山珍海错弃藩篱”之句。果蔬行业至此已经形成了发达的贸易网络和消费市场。第四章和第五章主题分别为“园蔬余滋”和“珍果含荣”，取自东晋陶渊明的《和郭主簿》和三国魏曹植的《节游赋》。相比于前朝，宋代的酒品种类更为繁复。第六章主题为“旨酒思柔”，先秦《诗经》中的《桑扈》和《丝衣》两篇都有“兕觥其觩，旨酒思柔”的诗句。饮茶文化在宋代更是风靡一时。第七章主题为“佳茶鲜馥”，因唐代张又新《煎茶水记》有“以（严子濑溪水）煎佳茶，不可名其鲜馥也”之文。中药也是宋代饮食文化不可或缺的一部分。第八章主题为“药香侵怀”，取自于宋代梅尧臣《送方进士游庐山》“药草香气侵人怀”之句。

是为序。

目录

好事近：宋词中的节物风光

中国的传统节日形式多样，内涵丰富，是中华民族悠久历史文化的重要组成部分。宋代的岁时节令名目众多，大致可以分为历史性的、季节性的、政治性的以及宗教性的四种节日类型。

历史性节日以端午节为例。众所周知，端午节是纪念爱国诗人屈原的重要节日。端午发展至宋代，已经形成了具有全民性质的盛大仪式。《东京梦华录》载："端午节物：百索、艾花、银样鼓儿、花花巧画扇、香糖果子、粽子、白团、紫苏、菖蒲、木瓜，并皆茸切，以香药相和，用梅红匣子盛裹。自五月一日及端午前一日，卖桃、柳、葵花、蒲叶、佛道艾。次日，家家铺陈于门首，与粽子、五色水团、茶酒供养，又钉艾人于门上，士庶递相宴赏。"千载之下，仍然可以想见当时端午节的热闹场面。

季节性节日以立春为例。立春作为二十四节气中的第一个，与农业生产的关系十分密切。宋代的立春节同样声势浩大。《武林旧事》记载："（立春）前一日，临安府造进大春牛，设之福宁殿庭。及驾临幸，内官皆用五色丝彩杖鞭牛。御药院例取牛睛以充眼药，余属直阁婆掌管。预造小春牛数十，饰彩幡雪柳，分送殿阁，巨珰各随以金银钱彩段为酬。是日赐百官春幡胜，宰执亲王以金，余以金裹银及罗帛为之，系文思院造进，各垂于幞头之左入谢。后苑办造春盘供进，及分赐贵邸宰臣巨珰，翠缕红丝，金鸡玉燕，备极精巧，每盘直万钱。学士院撰进春帖子。帝后贵妃夫人诸阁，各有定式，绛罗金缕，华粲可观。临安府亦鞭春开宴，而邸第馈遗，则多效内庭焉。”

政治性节日以元旦为典型。元旦是官方规定的岁首，又称正旦、元日等。《东京梦华录》生动地再现了当时首都汴京过春节的热闹场面：“正月一日年节，开封府放关扑三日。士庶自早互相庆贺，坊巷以食物、动使、果实、柴炭之类，歌叫关扑。如马行、潘楼街、州东宋门外、州西梁门外踊路、州北封丘门外及州南一带，皆结彩棚，铺陈冠梳、珠翠、头面、衣着、花朵、领抹、靴鞋、玩好之类，间列舞场歌馆，车马交驰。向晚，贵家妇女，纵赏关赌，入场观看，入市店饮宴，惯习成风，不相笑讶。至寒食冬至三日亦如此。小民虽贫者，亦须新洁衣服，把酒相酬尔。”

宗教性节日以上元节为代表。上元节，又称元宵节、元夕、灯节。上元是这一天作为道教节日的名字，而佛教则往往称之为灯节。在宋代，元宵节达到了空前的规模，《武林旧事》对于“元夕节物”有相当精彩的介绍：“妇人皆戴珠翠、闹蛾、玉梅、雪柳、菩提叶、灯球、销金合、蝉貂袖、项帕，而衣多尚白，盖月下所宜也。游手浮浪辈，则以白纸为大蝉，谓之‘夜蛾’。又以枣肉炭屑为丸，系以铁丝燃之，名‘火杨梅’。节食所尚，则乳糖圆子、馅饴、科斗粉、豉汤、水晶脍、韭饼，及南北珍果，并皂儿糕、宜利少、澄沙团子、滴酥鲍螺、酪面、玉消膏、琥珀饧、轻饧、生熟灌藕、诸色龙缠、蜜煎、蜜果、糖瓜蒌、煎七宝姜豉、十般糖之类，皆用镂鍮装花盘架车儿，簇插飞蛾红灯彩盝，歌叫喧阗。幕次往往使之吟叫，倍酬其直。……竞以金盘钿盒簇饤馈遗，谓之‘市食合儿’。翠帘销幕，绛烛笼纱，遍呈舞队，密拥歌姬，脆管清吭，新声交奏，戏具粉婴，鬻歌售艺者，纷然而集。至夜阑则有持小灯照路拾遗者，谓之‘扫街’。遗钿堕珥，往往得之。亦东都遗风也。”

法定节日的酬酢

玉楼春·己卯岁元日

毛滂

一年滴尽莲花漏[1]。碧井酴酥沉冻酒[2]。晓寒料峭尚欺人，春态苗条先到柳。

佳人重劝千长寿。柏叶椒花[3]芬翠袖。醉乡深处少相知，只与东君偏故旧[4]。

【解题】

毛滂（约1061—约1124），字泽民，号东堂，衢州（今浙江衢州）人，北宋官员、词人，著有《东堂集》。

己卯岁，即元符二年（1099），作者时为武康（今浙江武康）县令。

元日，即元旦，南朝梁宗懔《荆楚岁时记》："正月一日，是三元之日也。《史记》谓之端月。鸡鸣而起，先于庭前爆竹、燃草，以辟山臊恶鬼。"

【注释】

①莲花漏：古代的计时器。唐代李肇《唐国史补》："越僧

灵澈，得莲花漏于庐山，传江西观察使韦丹。初，惠远以山中不知更漏，乃取铜叶制器，状如莲花，置盆水之上，底孔漏水，半之则沉。每昼夜十二沉，为行道之节。虽冬夏短长，云阴月黑，亦无差也。”

②碧井酴酥沉冻酒：酴酥，即屠苏、屠酥，酒名。《岁华纪丽》：“俗说屠苏者，草庵之名也。昔有人居草庵之中，每岁除夕，遗里闾药一贴，令囊浸井中。至元日，取水置于酒樽，合家饮之，不病瘟疫。今人得其方而不识名，但曰屠苏而已。”冻酒，指冬天酿造的供春天饮用的酒。

③柏叶椒花：指泡有柏叶椒花的椒柏酒。宗懔《荆楚岁时记》：“于是长幼悉正衣冠，以次拜贺。进椒柏酒，饮桃汤。进屠苏酒、胶牙饧。下五辛盘。进敷于散，服却鬼丸。各进一鸡子。造桃板着户，谓之仙木。凡饮酒次第，从小起。”隋代杜公瞻注：“按《四民月令》云：‘过腊一日，谓之小岁；拜贺君亲，进椒酒从小起。’椒是玉衡星精，服之令人身轻能走。柏是仙药。成公子安《椒华铭》则曰：‘肇惟岁首，月正元日。厥味惟珍，蠲除百疾。’是知小岁则用之，汉朝元正则行之。《典术》云：‘桃者五行之精，厌伏邪气，制百鬼也。’董勋云：‘俗有岁首用椒酒。椒花芳香，故采花以贡尊。正月饮酒先小者，以小者得岁，先酒贺之；老者失岁，故后与酒。’”

④只与东君偏故旧：东君，指春神。欧阳修《春日西湖寄谢法曹歌》“惟有东风旧相识”。

庆春宫

张炎

都下寒食，游人甚盛，水边花外，多丽环集，各以柳圈祓禊而去，亦京洛旧事也。

波荡兰觞，邻分杏酪[1]，昼辉冉冉烘晴。罥索飞仙[2]，戏船移景[3]，薄游也自忺人[4]。短桥虚市，听隔柳、谁家卖饧[5]。月题[6]争系，油壁[7]相连，笑语逢迎。

池亭小队秦筝。就地围香，临水湔裙[8]。冶态飘云，醉妆扶玉，未应闲了芳情。旅怀无限，忍不住、低低问春。梨花落尽，一点新愁，曾到西泠。

【解题】

张炎（1248—1314后），字叔夏，号玉田，临安（今浙江杭州）人，南宋著名词人，与周密、蒋捷、王沂孙并称“宋末词坛四大家”，著有《山中白云词》《词源》。

都下，指京城。

寒食，《荆楚岁时记》：“去冬至一百五日，即有疾风甚雨，谓之‘寒食’。”洪适《容斋随笔》：“今人谓寒食为一百五日，以其自冬至之后至清明，历节气六，凡为一百七日，而先两日为寒食，故云。”《提要录》：“秦人呼寒食为熟食日，言其不动烟火，预办熟食过节也。齐人呼为冷烟节。”

祓禊（fú xì），《周礼》：“女巫掌岁时祓除、衅浴。”郑玄注：“岁时祓除，如今三月上巳如水上之类。衅浴，谓以香熏草药沐浴。”

俞陛云《唐五代两宋词选释》：“南都在极盛时，每逢寒食，西湖游人甚盛，水边沙际，丽人、小鬟群集，以柳枝祓禊。词中兰觞杏酪，罥索戏船，隔岸饧箫，池亭筝队，暖风熏处，一片承平欢乐之声，而观其结处‘新愁’‘曾到’句，知以上所言，皆追怀往事。此日旅怀惆怅，诉愁无地，只可低问春风。其重过西湖《祝英台近》词云：‘漫留一掬相思，待题红叶，奈红叶更无题处。’与此同感。”

【注释】

①杏酪：晋代陆翙《邺中记》：“寒食三日为醴酪，又煮糯米及麦为酪，捣杏仁煮作粥。”隋代杜台卿《玉烛宝典》：“今人悉为大麦粥，研杏仁为酪，引饧沃之。”

②罥（juàn）索飞仙：指荡秋千。《荆楚岁时记》：“春节，悬长绳于高木，士女袨服坐其上，推引之，名秋千。楚俗谓之拖钩，《涅盘经》谓之罥索。”《开元天宝遗事》：“天宝宫中，至寒食节，竞竖秋千，令宫嫔戏笑，以为宴乐，帝呼为‘半仙戏’，都人士女因而呼之。”

③戏船移景：《东京梦华录》：“驾先幸池之临水殿，锡燕群臣。殿前出水棚，排立仪卫，近殿水中横列四彩舟，上有诸军百戏，如大旗狮豹，棹刀蛮牌，神鬼杂剧之类。”

④忺（xiān）人：令人适意。

⑤饧（xíng）：饴糖。《东京梦华录》：“节日，坊市卖稠饧、麦糕、奶酪、乳饼之类。”

⑥月题：马额上的装饰物。《庄子》：“夫加之以衡扼，齐之以月题，而马知介倪、闉扼、鸷曼、诡衔、窃辔。”

⑦油壁：指车马。《钱唐苏小小歌》：“妾乘油壁车，郎骑青骢马。”

⑧湔（jiān）裙：清洗衣裙。

清平乐·检校山园书所见

辛弃疾

连云松竹。万事从今足。拄杖东家分社肉[①]。白酒床头[②]初熟。

西风[③]梨枣山园。儿童偷把长竿。莫遣旁人惊去，老夫静处闲看。

【解题】

辛弃疾（1140—1207），字幼安，号稼轩，历城（今山东历城）人，南宋著名文学家，与苏轼并称“苏辛”，与李清照并称“济南二安”，著有《稼轩长短句》等。

检校，即检点、核查。

此词当作于秋社日前后。宋代《统天万年历》：“立春后五戊为春社，立秋后五戊为秋社。如戊日立春、立秋，则不算也。一云，春分日时在午时以前用六戊，在午时以后用五戊。国朝乃以五戊为定法。”

【注释】

①分社肉：《荆楚岁时记》：“秋分以牲祠社，其供帐盛于仲秋之月。社之余胙，悉贡馈乡里周于族。”

②床头：指糟床，酿酒工具。

③西风：秋风。

一枝春·除夕

杨缵

竹爆惊春，竞喧填[1]、夜起千门箫鼓。流苏[2]帐暖，翠鼎缓腾香雾。停杯未举。奈刚要、送年新句。应自有、歌字清圆，未夸上林[3]莺语。

从他岁穷日暮。纵闲愁、怎减刘郎[4]风度。屠苏[5]办了，迤逦[6]柳欺梅妒。宫壶[7]未晓，早骄马、绣车盈路。还又把、月夜花朝，自今细数。

【解题】

杨缵（？—1267），字继翁，号守斋，又号紫霞翁，严陵（今浙江桐庐）人，南宋官员，善琴，著有《紫霞洞谱》。

除夕，宋代陈元靓《岁时广记》：“《礼记·月令》曰：‘是月也，日穷于次，月穷于纪，星回于天，数将几终，岁且更始。’是为岁之终也。《文选》云：‘岁季月除，大蜡始节。’故曰岁除，又曰除日、除夕、除夜。”

宋代周密《武林旧事》:“守岁之词虽多，极难其选，独杨守斋《一枝春》最为近世所称。”

【注释】

①喧填：又作“喧阗”，形容喧闹嘈杂的样子。

②流苏：一种以五彩羽毛或丝线等制成的穗状饰物，常垂系在服装或器物的边缘。

③上林：上林苑，汉代园囿名，故址在今陕西西安，司马相如著有《上林赋》。此处泛指皇家宫苑。

④刘郎：化用刘晨、阮肇的典故。南朝宋刘义庆《幽明录》:“汉永平五年，剡县刘晨、阮肇共入天台山，迷不得返。经十三日，粮乏尽，饥馁殆死。遥望山上有一桃树，大有子实。永无登路，攀缘藤葛，乃得至上。各啖数枚，而饥止体充。复下山持杯取水，欲盥漱，见芜菁叶从山腹流出，甚鲜新。复一杯流出，有胡麻饭糁。便共没水逆流行二三里，得度山，出一大溪边。有二女子，姿质妙绝。见二人持杯出，便笑曰:‘刘、阮二郎，捉向所失流杯来。’晨、肇既不识之。二女便呼其姓，如似有旧，乃相见。而悉问来何晚，因邀还家。其家铜瓦，屋南壁及东壁下，各有一大床，皆施绛罗帐。帐角悬铃，金银交错。床头各有十侍婢。敕云:‘刘、阮二郎经涉山岨，向虽得琼实，犹尚虚弊，可速作食。’食胡麻饭，山羊脯、牛肉，甚甘美。食毕行酒，有一群女来，各持五三桃子，笑而言:‘贺汝婿来。’酒酣作乐至暮，令各就一帐宿。女往就之，言声清婉，令人忘忧，遂停半

年。气候草木常是春时，百鸟啼鸣，更怀悲思，求归甚苦。女曰：‘罪牵君，当可如何！’遂呼前来女子有三四十人集会奏乐，共送刘、阮，指示还路。既出，亲旧零落，邑屋改异，无复相识。问讯得七世孙，传闻上世入山，迷不得归。至晋太元八年忽复去，不知何所。”

⑤屠苏：酒名。

⑥迤逦（yǐ lǐ）：逐渐，渐次。

⑦宫壶：宫漏，古代宫中的计时器。

承载历史记忆的宴赏

点绛唇·端午

张孝祥

萱草榴花[1]，画堂永昼风清暑。麝团菰黍[2]。助泛菖蒲醑[3]。

兵辟神符，命续同心缕[4]。宜欢聚。绮筵歌舞。岁岁酬端午。

【解题】

张孝祥（1132—1170），字安国，号于湖居士，乌江（今安徽和县东北）人，南宋著名词人，著有《于湖居士文集》《于湖词》。

端午，又名端五、浴兰节。南朝梁吴均《续齐谐记》："屈原，楚人也。遭谗不见用，以五月五日，投汨罗之江而死。楚人哀之，至此日，以竹筒子贮米，投水以祭之。汉建武中，长沙区回忽白日见一士人，自云三闾大夫，谓回曰：'闻君当见祭，甚善。但常年所遗，每为蛟龙所窃。今若有惠，可以楝树叶塞其筒，上以彩丝缠之。此二物，蛟龙所惮也。'回依其言，后复见原感之。今世人五月五日作粽，并带五色丝及楝叶，皆汨罗水之遗风也。"《荆楚岁时记》："五月五日，谓之浴兰节。荆楚人并蹋百草。又有斗百草之戏。采艾以为人形，悬门户上，以禳毒气。以菖蒲或镂或屑，以泛酒。”

【注释】

①萱草榴花：《岁时杂记》：“端五，京都士女簪戴，皆剪缯楮之类为艾，或以真艾，其上装以蜈蚣、蚰蜒、蛇蝎、草虫之类，及天师形象，并造石榴、萱草、踯躅假花，或以香药为花。”

②麝团菰黍（gū shǔ）：麝团，《岁时杂记》：“端五作水团，又名白团。或杂五色人兽花果之状，其精者名滴粉团。或加麝香。又有干团，不入水者。”菰黍，《岁时杂记》：“端五，因古人筒米而以菰叶裹黏米名曰‘角黍相遗’，俗作‘粽’。或加之以枣，或以糖，近年又加松栗、胡桃、姜桂、麝香之类。近代多烧艾灰淋汁煮之，其色如金。”

③菖蒲酹：唐代孙思邈《千金月令》：“端午，以菖蒲或缕或屑以泛酒。”

④兵辟神符，命续同心缕：汉代应劭《风俗通义》：“五月五日，以五彩丝系臂，名长命缕，一名续命缕，一名辟兵缯，一名五色缕，一名朱索，辟兵及鬼，命人不病瘟。”

鹊桥仙·馨香饼饵

吴潜

馨香饼饵[①]，新鲜瓜果[②]，乞巧[③]千门万户。到头人事控抟[④]难，与拙底、无多来去。

痴儿妄想，夜看银汉，要待云车[5]飞度。谁知牛女已尊年[6]，又那得、欢娱意绪。

【解题】

吴潜（1195—1262），字毅夫，号履斋，宣州宁国（今安徽宁国西南）人，南宋官员，著有《许国公奏议》《履斋诗余》等。

此词当作于七夕。七夕，又名乞巧节。宗懔《荆楚岁时记》：“七月七日，世谓织女、牵牛聚会之日。是夕，陈瓜果于庭中，以乞巧。”

【注释】

①馨香饼饵：《岁时杂记》：“七夕，京师人家，亦有造煎饼供牛、女及食之者。”

②新鲜瓜果：宋代庞元英《文昌杂录》：“唐岁时节物，七月七日，则有金针、织女台、乞巧果子。”

③乞巧：《岁时杂记》：“七夕，京师诸小儿，各置笔砚纸墨于牵牛位前，书曰‘某乞聪明’。诸女子，置针线箱笥于织女位前，书曰‘某乞巧’。”

④控抟：贾谊《鵩鸟赋》：“忽然为人兮，何足控抟？”李善注引孟康曰：“控，引也；抟，持也。”

⑤云车：曹植《洛神赋》：“六龙俨其齐首，载云车之容裔。”李善注：“《春秋命历序》曰：‘人皇乘云车，出谷口。’《博物志》曰：‘汉武帝好道，西王母七月七日漏七刻，王母乘紫云车来。’”

⑥牛女已尊年：牛女，指牛郎、织女。尊年，指年事已高。

顺应时令的馈遗

汉宫春·立春日

辛弃疾

春已归来，看美人头上，袅袅春幡[①]。无端风雨，未肯收尽余寒。年时燕子，料今宵、梦到西园。浑未办、黄柑荐酒[②]，更传青韭堆盘[③]。

却笑东风从此，便熏梅染柳，更没些闲。闲时又来镜里，转变朱颜。清愁不断，问何人、会解连环[④]。生怕见、花开花落，朝来塞雁先还。

【解题】

立春日，《史记》：“正月旦，王者岁首；立春日，四时之始也。四始者，候之日。”司马贞《索隐》：“谓立春日是去年四时之终卒，今年之始也。”张守节《正义》：“谓正月旦岁之始，时之始，日之始，月之始，故云‘四始’。言以四时之日候岁吉凶也。”

【注释】

①看美人头上，袅袅春幡：春幡，古代佩饰名。《岁时风土记》：“立春之日，士大夫之家，剪裁为小幡，或悬于家人之头，

或缀于花枝之下。”《提要录》：“春日，刻青缯为小幡样，重累凡十余，相连缀以簪之，此亦汉之遗事也。”

②黄柑荐酒：指以黄柑酿造的酒。宋代郑虎臣《吴都文粹》云：“真柑出洞庭东、西山。柑虽橘类，而其品特高，芳香超胜，为天下第一。浙东、江西及蜀果州皆有柑。香气标格，悉出洞庭下，土人亦甚珍贵之。其木畏霜雪，又不宜旱，故不能多植。及迟久方结实。时一颗至值百钱，犹是常品，稍大者倍价。并枝叶剪之。饤盘时，金碧璀璨，已可人矣。安定郡王以酿酒，名‘洞庭春色’，苏文忠公为作赋，极道包山震泽土风，而极于追鸱夷而酌西子，其珍贵之至矣。”

③青韭堆盘：指装有韭菜的辛盘。西晋周处《风土记》：“正月元日，俗人拜寿，上五辛盘、松柏颂、椒花酒。五熏炼形，五辛盘者，所以发五脏气也。”

④解连环：《战国策》：“秦始皇尝使使者遗（齐）君王后玉连环，曰：‘齐多知，而解此环不？’君王后以示群臣，群臣不知解。君王后引椎椎破之，谢秦使曰：‘谨以解矣。’”

南歌子·晚春

苏轼

日薄花房绽，风和麦浪轻。夜来微雨洗郊垌[1]。正是一年春好、近清明。

已改煎茶火[2]，犹调入粥饧[3]。使君高会有余清。此乐无声无味、最难名。

【解题】

苏轼（1037—1101），字子瞻，号东坡居士，眉州眉山（今四川眉山）人，北宋著名文学家、书画家，与其父苏洵、其弟苏辙并称为“唐宋八大家”中的“三苏”，又与黄庭坚、米芾、蔡襄并称“宋代书法四大家”，著有《东坡集》《东坡词》等。

此词作于清明前后。宋代吕原明《岁时杂记》：“清明节在寒食第三日，故节物乐事，皆为寒食所包。国朝故事，唯自清明日开集禧、太乙宫三日，宫殿池沼，园林花卉，诸事备具。繁台正在其东，登楼下瞰，尤为殊观。”

【注释】

①郊坰：《尔雅》：“邑外谓之郊，郊外谓之牧，牧外谓之野，野外谓之林，林外谓之坰。”

②已改煎茶火：寒食节禁火，节后再举火，名为改新火。苏轼《徐使君分新火》：“临皋亭中一危坐，三见清明改新火。”

③粥饧：晋代陆翙《邺中记》：“寒食三日为醴酪，又煮糯米及麦为酪，捣杏仁煮作粥。”隋代杜台卿《玉烛宝典》：“今人悉为大麦粥，研杏仁为酪，引饧沃之。”

水调歌头

吴潜

和梅翁韵预赋山中乐，己未中秋中浣书于老香堂。

已是三堪乐，更是百无忧。山朋溪友呼酒，互劝复争酬。钓水肥鲜鳊鳜[1]，采树甘鲜梨栗[2]，穲稏[3]一齐收。树底飞轻盖，溪上放轻舟。

笑鸱夷[4]，名已谢，利还谋。蜗蝇些小头角[5]，何事被渠钩。春际鹭翻蝶舞，秋际猿啼鹤唳，物我共悠悠。倚棹明当发，归梦落三洲[6]。

【解题】

吴潜，参见《鹊桥仙》(馨香饼饵)解题。

梅翁，当指作者友人梅府教。府教，宋代官名，府学教授。

己未，宋理宗开庆元年(1259)。

中秋，宋代吴自牧《梦粱录》:“八月十五日中秋节，此日三秋恰半，故谓之‘中秋’。此夜，月色倍明于常时，又谓之‘月夕’。此际金风荐爽，玉露生凉，丹桂香飘，银蟾光满。王孙公子、富家巨室莫不登危楼，临轩玩月，或开广榭，玳筵罗列，琴瑟铿锵，酌酒高歌，以竟夕之欢。”

中浣，又名“中盥”，古代官员每月中旬的休沐日。

老香堂，宋代《开庆四明续志》:“吴太守潜建，在府治后面。北植桂百本，取‘山头老桂吹古香’之句以名。前筑一坛，名‘月台’，可坐三十客。堂匾自题。”

【注释】

①鳊鳜（biān guì）：鳊鱼和鳜鱼，均为味道鲜美的淡水鱼。

②梨栗：《东京梦华录》：“（中秋）是时螯蟹新出，石榴、榅勃、梨、枣、栗、孛萄、弄色枨橘，皆新上市。”

③罢稏（bà yà）：稻名，又作“罢亚”。

④鸱夷：《史记》：“范蠡既雪会稽之耻，乃喟然而叹曰：‘计然之策七，越用其五而得意。既已施于国，吾欲用之家。’乃乘扁舟浮于江湖，变名易姓，适齐为鸱夷子皮，之陶为朱公。”

⑤蜗蝇些小头角：《庄子》：“有国于蜗之左角者曰触氏，有国于蜗之右角者曰蛮氏，时相与争地而战，伏尸数万，逐北旬有五日而后反。”苏轼《满庭芳》：“蜗角虚名，蝇头微利。”

⑥三洲：又名三神洲、三神山，指蓬莱、方丈、瀛洲。《史记》：“自威、宣、燕昭使人入海求蓬莱、方丈、瀛洲。此三神山者，其传在勃海中，去人不远；患且至，则船风引而去。盖尝有至者，诸仙人及不死之药皆在焉。其物禽兽尽白，而黄金银为宫阙。未至，望之如云；及到，三神山反居水下。临之，风辄引去，终莫能至云。”

减字木兰花

范成大

折残金菊。枨子[①]香时新酒熟。谁伴芳尊。先问梅花借小春。

道人破戒。染酒题诗金凤带[②]。愁病相关。不似年时酒量宽。

【解题】

范成大（1126—1193），字致能，号石湖居士，吴郡（今江苏苏州）人，南宋官员、著名文学家，与尤袤、杨万里、陆游并称“中兴四大家”，著有《石湖词》等。

此词当作于小春前后。小春，又名小阳春。《初学记》：“冬月之阳，万物归之。以其温暖如春，故谓之小春，亦云小阳春。”

【注释】

①枨（chéng）子：橙子。《东京梦华录》“饮食果子”有“橄榄、温柑、绵枨、金橘”等。

②凤带：绣有凤凰花饰的衣带。

渔家傲·冬至

冯时行

云覆衡茅[①]霜雪后。风吹江面青罗[②]皱。镜里功名愁里瘦。闲袖手[③]。去年长至[④]今年又。

梅逼玉肌春欲透。小槽新压冰澌溜[⑤]。好把升沉分付酒。光阴骤。须臾又绿章台柳[⑥]。

【解题】

冯时行（？—1163），字当可，号缙云，巴县（今重庆）人，宋代官员，著有《缙云文集》。

冬至，《历义疏》：“冬至，十一月之中气也。言冬至者，极也。

太阴之气，上干于阳，太阳之气，下极于地，寒气已极，故曰冬至。气当易之，是以王者闭门闾，商旅不行。以其阳气乘踊，君寿益长，是以冬贺也。亦以日之行天，至于巽维东南角，极之于此，故曰冬至。”

【注释】

①衡茅：衡门茅屋，形容居室简陋。

②青罗：青色丝织物，此处形容江面碧绿。

③袖手：袖手旁观。《晋书》：“是时天下多故，机变屡起，(庾)敳常静默无为。参东海王越太傅军事，转军咨祭酒。时越府多儁异，敳在其中，常自袖手。”

④长至：古代以夏至和冬至为长至。后魏崔浩《女仪》：“近古妇人，常以冬至日献履袜于舅姑，践长至之义也。”

⑤澌溜：形容新酒清澈透明。

⑥章台柳：唐代韩翃《章台柳·寄柳氏》诗：“章台柳，章台柳，昔日青青今在否？纵使长条似旧垂，也应攀折他人手。”章台：汉代长安的街名，歌台舞榭所在地，多柳。

普天同庆的“食尚”

永遇乐·余方痛海上元夕之习，邓中甫适和易安词至，遂以其事吊之

刘辰翁

灯舫[①]华星，崖山矴口，官军围处。璧月辉圆，银花焰短，春事遽如许。麟洲[②]清浅，鳌山[③]流播，愁似汨罗[④]夜雨。还知道，良辰美景，当时邺下仙侣[⑤]。

而今无奈，元正元夕，把似月朝十五。小庙看灯，团街转鼓，总似添恻楚[⑥]。传柑[⑦]袖冷，吹藜[⑧]漏尽，又见岁来岁去。空犹记，弓弯[⑨]一句，似虞兮[⑩]语。

【解题】

刘辰翁（1232—1297），字会孟，号须溪，庐陵（今江西吉安）人，南宋末年文学家，辑有《须溪集》。

海上，1279年春初，宋军在崖山（今广东崖山）海战中战败，宋朝至此彻底灭亡。

元夕，又称元宵节、上元节、灯节等。宋代吕原明《岁时杂记》：“道家以正月十五日为上元。”宋代宋敏求《春明退朝录》：

“上元燃灯，或云沿汉祠太一自昏至昼故事。梁简文帝有《列灯赋》，陈后主有《光壁殿遥咏山灯诗》。唐明皇先天中，东都设灯，文宗开成中，建灯迎三宫太后，是则唐以前岁不常设。本朝太宗时，三元不禁夜，上元御乾元门，中元、下元御东华门。后罢中元、下元二节，而初元游观之盛，冠于前代。”宋代陈元靓《岁时广记》：“烧灯故事，多出佛书。”

邓中甫，即邓剡，字光荐，号中斋，又号中甫，庐陵（今江西吉安）人，南宋末年庐陵诗派、庐陵词派代表作家，著有《中斋集》。小序所云“和易安词”，已佚。

易安词，指李清照《永遇乐·元宵》：“落日熔金，暮云合璧，人在何处。染柳烟浓，吹梅笛怨，春意知几许。元宵佳节，融和天气，次第岂无风雨。来相召，香车宝马，谢他酒朋诗侣。

中州盛日，闺门多暇，记得偏重三五。铺翠冠儿、捻金雪柳、簇带争济楚。如今憔悴，风鬟霜鬓，怕见夜间出去。不如向，帘儿底下，听人笑语。”

【注释】

①灯舫：宋代赞宁《大宋僧史略》：“我大宋太平兴国六年，敕下元亦放灯三夜，为军民祈福，供养天地辰象佛道。三元俱燃灯放夜，自此为始，著于格令焉。”

②麟洲：凤麟洲的省称，古代传说中的仙境。《海内十洲记》：“凤麟洲在西海之中央，地方一千五百里。洲四面有弱水绕之，鸿毛不浮，不可越也。洲上多凤麟，数万各为群。又有山川池泽，

及神药百种，亦多仙家。”

③鳌山：指宋代元夕时制作的灯山。宋代孟元老《东京梦华录》：“正月十五日元宵，大内前自岁前冬至后，开封府绞缚山棚，立木正对宣德楼。……至正月七日，人使朝辞出门，灯山上彩，金碧相射，锦绣交辉。面北悉以彩结山沓，上皆画神仙故事。或坊市卖药卖卦之人，横列三门，各有彩结、金书大牌，中曰‘都门道’，左右曰‘左右禁卫之门’，上有大牌曰‘宣和与民同乐’。”

④汨罗：楚国屈原自沉处。汉代贾谊《吊屈原赋》：“共承嘉惠兮，俟罪长沙。侧闻屈原兮，自沉汨罗。造托湘流兮，敬吊先生。”

⑤邺下仙侣：建安七子，此处指刘辰翁与邓剡二人。

⑥恻楚：悲痛。

⑦传柑：《王直方诗话》：“上元夜登楼，贵戚例有黄柑相遗，谓之‘传柑’。东坡有《扈从端门观灯》诗云：‘老病行穿万马群，九衢人散月纷纷。归来一盏残灯在，犹有传柑遗细君。’盖谓此也。”

⑧吹藜：晋代王嘉《拾遗记》：“刘向于成帝之末，校书天禄阁，专精覃思。夜有老人，着黄衣，植青藜杖，登阁而进，见向暗中独坐诵书。老父乃吹杖端，烟然，因以见向，说开辟已前。”

⑨弓弯：向后弯腰如弓形，或指古代女子的裹脚。

⑩虞兮：《史记》：“项王则夜起，饮帐中。有美人名虞，常

幸从；骏马名骓，常骑之。于是项王乃悲歌忼慨，自为诗曰：‘力拔山兮气盖世，时不利兮骓不逝。骓不逝兮可奈何，虞兮虞兮奈若何！’歌数阕，美人和之。项王泣数行下，左右皆泣，莫能仰视。”

蝶恋花·上巳召亲族

李清照

永夜恹恹[①]欢意少。空梦长安[②]，认取长安道。为报今年春色好。花光月影宜相照。

随意杯盘虽草草。酒美梅酸[③]，恰称人怀抱。醉莫插花花莫笑。可怜春似人将老。

【解题】

李清照（1084—约 1155），号易安居士，齐州章丘（今山东章丘）人，宋代著名词人，与辛弃疾并称“济南二安”，后人辑有《漱玉集》《漱玉词》。

上巳，宋代严有翼《艺苑雌黄》：“三月三日，谓之‘上巳’。古人以此日禊饮于水滨。”

【注释】

①恹恹（yān）：形容萎靡不振的样子。

②长安：汉唐故都，此处代指北宋都城汴京。

③酒美梅酸：酸梅属于调味品，可以用来解酒。

水调歌头·戊午九月，偕同官延庆阁过碧沚

吴潜

重九[1]先三日，领客上危楼。满城风雨都住，天亦相邀头[2]。右手持杯满泛，左手持螯大嚼[3]，萸菊互相酬[4]。徙倚阑干角，一笑与云浮。

望平畴，千万顷，稻粱收。江澄海晏无事，赢得小迟留。但恨流光抹电，假使年华七十，只有六番秋。戏马台[5]休问，破帽已飕飕。

【解题】

吴潜，参见《鹊桥仙》（馨香饼饵）解题。

戊午，此处指宋理宗宝祐六年（1258）。

碧沚，绿色小洲。

【注释】

①重九：重阳节。魏文帝曹丕《与钟繇书》：“岁往月来，忽复九月九日。九为阳数，日月并应。俗嘉其名，以为宜于长久，故以享燕高会。”

②邀头：邀请。

③右手持杯满泛，左手持螯大嚼：《晋书》：“（毕）卓尝谓人曰：‘得酒满数百斛船，四时甘味置两头，右手持酒杯，左手持蟹螯，拍浮酒船中，便足了一生矣。’”

④萸菊互相酬：萸菊，指茱萸和菊花。《续齐谐记》：“汝南

桓景，随费长房游学累年。长房因谓景曰：‘九月九日，汝家当有灾厄，宜急去。令家人各作绛囊，盛茱萸以系臂，登高，饮菊酒，祸乃可消。’景如其言，举家登山。夕还，见鸡犬牛羊一时暴死。长房闻之曰：‘此可代之矣。’今世人九日登高饮酒，妇人带茱萸囊，因此也。”

⑤戏马台：南朝梁萧子显《南齐书》：“宋武为宋公，在彭城，九日出项羽戏马台，至今相承，以为旧准。”

清平乐·休推小户

黄庭坚

休推小户。看即风光暮。萸粉菊英浮碗醑[①]。报答风光有处。

几回笑口能开。少年不肯重来。借问牛山戏马[②]，今为谁姓池台。

【解题】

黄庭坚（1045—1105），字鲁直，号山谷道人，又号涪翁，洪州分宁（今江西修水）人，北宋著名文学家、书法家，与张耒、晁补之、秦观并称“苏门四学士”，江西诗派的开创者，又与苏轼、米芾、蔡襄并称“宋代书法四大家”，著有《山谷集》《山谷词》等。

此词当为重阳词。重阳，又名“重九”。

【注释】

①萸粉菊英浮碗醑（xǔ）：醑，美酒名。此处指茱萸酒和菊

花酒。《西京杂记》："夫人侍儿贾佩兰，后出为扶风人段儒妻，言在内时，九月九日，佩茱萸，食蓬饵，饮菊酒，令长寿。菊花盛开时，采茎叶，杂麦米酿酒，密封置室中，至来年九月九日方熟。且治头风，谓之菊酒。"《提要录》："北人九月九日，以茱萸研酒，洒门户间辟恶，亦有入盐少许而饮之者。又云男摘二九粒，女一九粒，以酒咽者，大能辟恶。"

②牛山戏马：牛山，典出《列子》："齐景公游于牛山，北临其国城而流涕曰：'美哉国乎！郁郁芊芊，若何滴滴去此国而死乎？使古无死者，寡人将去斯而之何？'"戏马，参见吴潜《水调歌头·戊午九月，偕同官延庆阁过碧沚》"戏马台"注释。

采桑子：宋词中的嘉谷蕃殖

俗语云“民以食为天”，粮食生产对于日常生活的重要意义不言而喻。在宋代，全国经济中心已经实现了从北方到南方的转移，作为南方的主要粮食，水稻成为宋代最重要的粮食作物。太湖流域一跃成为当时最主要的粮食生产供给区，民间也开始流传“苏湖熟，天下足”的谚语。

宋代的水稻种类众多，品质优良。以会稽为例，《嘉泰会稽志》记载：“会稽之产稻之美者：紫珠、便粮、䆉散、黄籼、秔贯、乌黏。其早熟，曰早白稻（回犁望）、乌黏早白、宣州早、早占城（六十日）；其次则曰白婢暴、红婢暴、八十日（三者亦属秋初熟）。八月白、红䆉、红莲子、上秆青（中秋白）、赤壳、大张九、小张九、红黏、白稻、泰州红、黄岩、硬秆白、软秆白。午内、青丝、青虾、便撩撒（浸一夕可撒）、擂泥乌、冷水乌（山乡地寒处宜种）、下路乌、红占城（八月乃刈，似白婢暴而晚）、叶里藏。其得霜乃熟，曰寒占城、见霜稻、狗蜱稻、九里香。七月始种，得霜即熟曰黄稑，再熟曰魏撩（刈稻后余茬抽穗再熟）。糯之属曰长黏糯（白稻糯）、师姑糯、黄䄚糯、高脚糯、海漂来糯、仙公糯、早糯、光头糯（无芒）、光头白稻糯、红黏糯、自知糯（暴晒谷不扁）、定陈糯、晚糯（酿酒汁清）、紫珠糯、赤壳糯、金钗糯（粒细多汁，亦占城之属），凡五十六种。”

除此之外，其他谷类也在宋代的粮食谱系上占据着重要地位。唐宋时期的荞麦种植在中国历史上首屈一指。元代王祯《农书》总结道：“荞麦，赤茎乌粒，种之则易为工力，收之则不妨农时，晚熟故也。……北方山后诸郡多种之。治去皮壳，磨而为面，焦作煎饼，配蒜而食。或作汤饼，谓之‘河漏’，滑细如粉，亚于麦面。风俗所尚，供为常食。然中土、南方农家亦种，但晚收。磨食，溲作饼饵，以补面食，饱而有力。实农家居冬之日馔也。”高粱也是宋元时期重要的粮食作物。《农书》云：“蜀黍，春月种，不宜用下地。茎高丈余，穗大如帚。其粒黑如漆，如蛤眼。熟时，收刈成束，攒而立之。其子作米可食，余及牛马，又可济荒。其茎可作洗帚。秸杆可织箔，夹篱供爨，无有弃者。亦济世之一谷，农家不可阙也。”粟和黍的地位已经大不如前，其重要性已经无法与稻、麦相提并论。《会稽志》收录了早粟（早黄粟）、椎头早粟、晚粟（丹糠粟）、糯粟、木粟、百箭粟、羊角粟（章家早）、牛绳糯粟、椎头糯粟、白杆粟、毛粟、丁铃粟、胭脂糯粟等品种。

稻花香里的丰年

浣溪沙·徐州藏春阁园中

苏轼

惭愧今年二麦丰[①]。千畦细浪舞晴空。化工[②]余力染夭红。

归去山公应倒载[③]，阑街拍手笑儿童[④]。甚时名作锦熏笼[⑤]。

【注释】

①惭愧今年二麦丰：惭愧，表示侥幸、幸亏的意思。二麦，指大麦和小麦。《古今合璧事类备要》："麦有大麦、小麦、穬麦、荞麦四种。大麦久食令人肥白，滑肌肤，为面胜小麦，无躁热。"

②化工：《庄子》："今一以天地为大炉，以造化为大冶，恶乎往而不可哉！"贾谊《鹏鸟赋》："且夫天地为炉兮，造化为工。"

③归去山公应倒载：《世说新语》："山季伦（简）为荆州，时出酣畅，人为之歌曰：'山公时一醉，径造高阳池，日莫倒载归，茗艼无所知。复能乘骏马，倒著白接篱，举手问葛彊，何如并州儿？'高阳池在襄阳。彊是其爱将，并州人也。"

④阑街拍手笑儿童：李白《襄阳歌》："襄阳小儿齐拍手，拦街争唱《白铜鞮》。傍人借问笑何事，笑杀山公醉似泥。"

⑤锦熏笼：瑞香花的别名。明代杨慎《升庵诗话》："瑞香花，即《楚辞》所谓'露申'也。一名锦熏笼，又名锦被堆。韩魏公诗云：'不管莺声向晓催，锦衾春晚尚成堆。香红若解知人意，睡取东君不放回。'张图之改'瑞香'为'睡香'，诗云：'曾向庐山睡里闻，香风占断世间春。窃花莫扑枝头蝶，惊觉南窗半梦人。'陈子高诗：'宣和殿里春风早，红锦熏笼二月时。流落人间真诧事，九秋风露却相宜。'盖咏九日瑞香也。又唐人诗云：'谁将玉胆蔷薇水，新濯琼肤锦绣禅。'体物既工，用韵又奇，可谓绝唱矣。"

点绛唇·水饭

曹组

霜落吴江①，万畦香稻②来场圃。夜村舂黍③。草屋寒灯雨。

玉粒长腰④，沉水温温注。相留住。共抄云子⑤。更听歌声度。

【解题】

曹组，生卒年不详，字元宠，颍昌（今河南许昌）人，北宋官员，著有《箕颍集》。

水饭，水捞饭。北魏贾思勰《齐民要术》："炊时，又净淘。下馈时，于大盆中多着冷水，必令冷彻米心。以手挼馈，良久停之。投饭调浆，一如上法。粒似青玉，滑而且美。"

【注释】

①吴江：在今江苏苏州。

②万畦（qí）香稻：畦，由田埂分成的小块田地。稻，晋代郭义恭《广志》："有虎掌稻、紫芒稻、赤芒稻。南方有蝉鸣稻，有盖下白稻，青芋稻、累子稻、白汉稻，此三稻大而且长，米半寸，出益州。"

③舂（chōng）黍：舂，用杵臼捣去谷物皮壳。黍，《古今注》："禾之枯者为黍，亦谓之穄，亦曰黄黍。"

④长腰：宋代葛立方《韵语阳秋》："长腰粳米、缩头鳊鱼，楚人语也。"

⑤共抄云子：《汉武故事》："太上之药，有中华紫蜜、云山朱蜜、玉液金浆；其次药有五云之浆、风实、云子、玄霜、绛雪。"此处代指白米饭。杜甫《与鄠县源大少府宴渼陂》："饭抄云子白，瓜嚼水精寒。"

浣溪沙·常山道中

辛弃疾

北陇田高踏水[①]频。西溪禾早已尝新[②]。隔墙沽酒煮纤鳞[③]。

忽有微凉何处雨，更无留影霎时云。卖瓜声过竹边村。

【解题】

常山，在今浙江衢州。北宋欧阳忞《舆地广记》："常山县，本信安县地。唐咸亨五年置常山县，属婺州。垂拱二年来属，乾元元年属信州，后复故。有常山。"

【注释】

①踏水：脚踏水车取水灌田。陆游《入蜀记》："运河水泛溢，高于近村地至数尺，两岸皆车出积水。妇人儿童竭作，亦或用牛。妇人足踏水车，手犹绩麻不置。"

②西溪禾早已尝新：禾，汉代许慎《说文解字》："禾，嘉谷也。二月始生，八月而孰，得时之中，故谓之禾。"尝新，原指秋季的祭祀活动。《月令》："（孟秋之月）是月也，农乃登谷。天子尝新，先荐寝庙。命百官始收敛，完堤坊，谨壅塞，以备水潦。修宫室，坏墙垣，补城郭。"后泛指品尝应时的新鲜食物。《玉烛宝典》："九日食饵者，其时黍秫并收，以黏米加味，触类尝新，遂成积习。"

③纤鳞：细鳞，代指鱼。

鹧鸪天·鹅湖寺道中

辛弃疾

一榻清风殿影凉。涓涓流水响回廊。千章云木钩辀[①]叫，十里溪风穲稏香。

冲急雨，趁斜阳。山园细路转微茫。倦途却被行人笑，只为林泉有底忙[②]。

【解题】

鹅湖寺，宋代王象之《舆地纪胜》："鹅湖在铅山县西南十五里。《鄱阳记》云：山上有湖，多生莲荷，同名荷湖山，今以鹅湖著。按《旧经》谓昔有龚氏居山傍，所蓄鹅逸于山，长育成群，复飞而下，因谓之鹅湖。俗传唐僧大义禅师结庵，仙鹅自波而出者妄矣。道傍长松参翠，枝干权奇，延袤十余里，大义所种。有仁寿院。淳熙初年，东莱吕公、晦庵朱公、象山陆公曾相会讲道于此院，谓之鹅湖之会。”

【注释】

①钩辀（zhōu）：鹧鸪的叫声。韩愈《杏花》：“鹧鸪钩辀猿叫歇，杳杳深谷攒青枫。”

②有底忙：有底，为何。杜甫《可惜》：“花飞有底急，老去愿春迟。”

雅丽精致的宴席

南歌子·游赏

苏轼

山与歌眉敛，波同醉眼流。游人都上十三楼[①]。不羡竹西歌吹、古扬州[②]。

菰黍连昌歜[③]，琼彝倒玉舟[④]。谁家水调唱歌头[⑤]。声绕碧山飞去、晚云留[⑥]。

【解题】

小题“游赏”，或作“杭州端午”“钱塘端午”。

明代杨慎《草堂诗余》：“端午词多用汨罗事，此独绝不涉，所谓善脱套者。”明代潘游龙《精选古今诗余醉》：“此词妙在援引古事，不为古用，非直写景物而已。”

【注释】

①十三楼：宋代吴自牧《梦粱录》：“大佛头石山后名十三间楼，乃东坡守杭日多游此，今为相严院矣。”宋代周密《武林旧事》：“十三间楼相严院，旧名‘十三间楼石佛院’。东坡守杭日，每治事于此。有冠胜轩、雨亦奇轩。”

②不羡竹西歌吹、古扬州：杜牧《题扬州禅智寺》："谁知竹西路，歌吹是扬州。"

③菰黍连昌歜（chù）：菰，《本草图经》："菰生水中，叶如蒲苇，刈以秣马，甚肥。"昌歜，宋代昌歜，用菖蒲根做的腌菜。《左传》："（僖公三十年）冬，王使周公阅来聘，飨有昌歜、白黑、形盐。"杜预注："昌歜，昌蒲菹。"

④琼彝倒玉舟：彝，盛酒器。《周礼》："凡六彝六尊之酌，郁齐献酌，醴齐缩酌，盎齐涚酌，凡酒修酌。"玉舟，玉制的酒杯。宋代司马光《和王少卿十日与留台国子监崇福宫诸官赴王尹赏菊之会》："红牙板急弦声咽，白玉舟横酒量宽。"

⑤谁家水调唱歌头：唐代郑处诲《明皇杂录》："兴庆宫帝潜邸，于西南隅起花萼相辉之楼，与诸王游处。禄山犯顺，乘遽以闻，议欲迁幸，置酒楼上，命作乐，有进《水调歌者》曰：'山川满目泪沾衣，富贵荣华能几时！不见只今汾水上，惟有年年秋雁飞。'上问谁为此词，曰：'李峤。'上曰：'真才子也。'遂不终饮而去。"

⑥声绕碧山飞去、晚云留：《列子》："薛谭学讴于秦青，未穷青之技，自谓尽之，遂辞归。秦青弗止，饯于郊衢。抚节悲歌，声振林木，响遏行云。薛谭乃谢求反，终身不敢言归。"

南歌子·草色裙腰展

石孝友

草色裙腰展，冰容水镜开。又还春事破寒来。一夜东风吹绽、后园梅。

糯瓮篘香酿[1]，熏炉续麝煤[2]。休惊节物暗相催。赢取大家沉醉、探春杯[3]。

【解题】

石孝友，生卒年不详，字次仲，南昌（今江西南昌）人，南宋词人，著有《金谷遗音》。

【注释】

①糯瓮篘（chōu）香酿：糯，黏性的稻米，可以用来酿酒。宋代朱肱《北山酒经》："造酒治糯为先。须令拣择，不可有粳米。若旋拣，实为费力，要须自种糯谷，即全无粳米，免更拣择。古人种秫盖为此。"篘，竹制的滤酒器。

②麝（shè）煤：用于焚熏的粉末状麝香。宋代陶谷《清异录》："长安宋清，以鬻药致富。尝以香剂遗中朝簪绅，题识器曰：'三匀煎，焚之富贵清妙。'其法止龙脑、麝末、精沉等耳。"

③探春杯：《开元天宝遗事》："都人士女，每至正月半后，各乘车跨马，供帐于园圃，或郊野中，为探春之宴。"

水调歌头·次下洞流杯亭作

黄机

金篆[1]锁岩穴，玉斧凿山湫[2]。飞泉溅沫无数，六月自生秋。夭矫长松千岁，上有泠然天籁，清响眇难收。亭屋创新观，客鞅棹还留。

推名利，付飘瓦，寄虚舟。蒸羔酿秫[3]，醅瓮戢戢蚁花浮[4]。唤取能歌能舞，乘兴携将高处，杯酌荐昆球[5]。径醉双股直，白眼[6]视庸流。

【解题】

黄机，生卒年不详，字几仲，东阳（今浙江东阳）人，南宋官员，著有《竹斋诗余》。

【注释】

①金篆：缭绕的云雾。

②山湫（qiū）：山间的水潭。

③酿秫（shú）：秫，晋代崔豹《古今注》："稻之黏者为秫。"酿秫，指用秫黍酿酒。

④醅瓮戢（jí）戢蚁花浮：醅瓮，指酒坛。戢戢，形容密集的样子。蚁花，指酒面漂浮的泡沫。

⑤昆球：昆玉，南朝梁陆倕《新漏刻铭》："陆机之赋，虚握灵珠；孙绰之铭，空擅昆玉。"李周翰注："灵珠、昆玉，喻文章美也。"

⑥白眼:《晋书》:“(阮)籍又能为青白眼,见礼俗之士,以白眼对之。及嵇喜来吊,籍作白眼,喜不怿而退。喜弟康闻之,乃赍酒挟琴造焉,籍大悦,乃见青眼。”

宴清都·寿秋壑

吴文英

翠匝西门柳[①]。荆州[②]昔,未来时正春瘦。如今剩舞,西风旧色,胜东风秀。黄粱[③]露湿秋江,转万里、云樯蔽昼。正虎落[④]、马静晨嘶,连营夜沉刁斗[⑤]。

含章换几桐阴[⑥],千官邃幄,韶风还奏[⑦]。席前夜久[⑧],天低宴密,御香盈袖。星槎信约长在[⑨],醉兴渺、银河赋就。对小弦、月挂南楼[⑩],凉浮桂酒。

【解题】

吴文英(约 1212—约 1272),字君特,号梦窗,晚号觉翁,四明(今浙江宁波)人,南宋著名词人,与周密(号草窗)并称“二窗”,又与周邦彦、辛弃疾、王沂孙并称“两宋词坛四大家”,有“词中李商隐”之称,著有《梦窗词集》。

秋壑,指贾似道(1213—1275),字师宪,号秋壑,台州(今浙江台州)人,南宋权臣。

【注释】

①西门柳:《晋书》:“(陶)侃性纤密好问,颇类赵广汉。尝课诸营种柳,都尉夏施盗官柳植之于己门。侃后见,驻车问曰:

‘此是武昌西门前柳，何因盗来此种?’施惶怖谢罪。”

②荆州:《宋史》:“荆湖南、北路，盖《禹贡》荆州之域。当张、翼、轸之分。东界鄂渚，西接溪洞，南抵五岭，北连襄汉。唐末藩臣分据，宋初下之。鄂、岳本属河南，安、复中土旧地，今以壤制而分隶焉。江陵国南巨镇，当荆江上游，西控巴蜀。澧、鼎、辰三州，皆旁通溪洞，置兵戍守。潭州为湘、岭要剧，鄂、岳处江、湖之都会，全、邵屯兵，以扼蛮獠。”

③黄粱:《本草》:“黄粱出蜀、汉，商、浙间亦种之，香美逾于诸粱，号为竹根黄。”

④虎落：古代用于防御城邑的竹篱。《汉书》:“要害之处，通川之道，调立城邑，毋下千家，为中周虎落。”颜师古注:“虎落者，以竹篾相连遮落之也。”

⑤夜沉刁斗:《史记》:“及出击胡，而(李)广行无部伍行陈，就善水草屯，舍止，人人自便，不击刁斗以自卫。”裴骃《集解》引孟康曰:“(刁斗)以铜作鐎器，受一斗，昼炊饭食，夜击持行，名曰刁斗。”

⑥含章换几桐阴：含章，宫殿名。《水经注》:“未央殿东有宣室、玉堂、麒麟、含章、白虎、凤皇、朱雀、鹓鸾、昭阳诸殿。”换几桐阴，杜甫《送贾阁老出汝州》:“西掖梧桐树，空留一院阴。”

⑦韶凤还奏:《尚书》:“箫《韶》九成，凤皇来仪。”孔氏传:“《韶》，舜乐名。言箫，见细器之备。雄曰凤，雌曰皇，灵鸟也。仪，有容仪。备乐九奏而致凤皇，则余鸟兽不待九而率舞。”

⑧席前夜久：《史记》："后岁余，贾生（贾谊）征见。孝文帝方受厘，坐宣室。上因感鬼神事，而问鬼神之本。贾生因具道所以然之状。至夜半，文帝前席。既罢，曰：'吾久不见贾生，自以为过之，今不及也。'"

⑨星槎信约长在：晋代张华《博物志》："旧说云天河与海通。近世有人居海渚者，年年八月有浮槎去来，不失期，人有奇志，立飞阁于查上，多赍粮，乘槎而去。十余日中犹观星月日辰，自后茫茫忽忽亦不觉昼夜。去十余日，奄至一处，有城郭状，屋舍甚严。遥望宫中多织妇，见一丈夫牵牛渚次饮之。牵牛人乃惊问曰：'何由至此？'此人具说来意，并问此是何处，答曰：'君还至蜀郡访严君平则知之。'竟不上岸，因还如期。后至蜀，问君平，曰：'某年月日有客星犯牵牛宿。'计年月，正是此人到天河时也。"

⑩对小弦、月挂南楼：小弦，农历每月上旬初出及下旬将晦时的眉状月。南楼，《世说新语》："庾太尉在武昌，秋夜气佳景清，使吏殷浩、王胡之之徒登南楼，理咏音调。始遒闻函道中有屐声甚厉，定是庾公。俄而率左右十许人步来，诸贤欲起避之。公徐云：'诸君少住，老子于此处兴复不浅。'便据胡床，与诸人咏谑，竟坐甚得任乐。后王逸少下与丞相言及此事，丞相曰：'元规乐时风范，不得不小颓。'右军答曰：'惟丘壑独存。'"

别具风味的日常

鹧鸪天

晁补之

绣幕低低拂地垂。春风何事入罗帏[①]。胡麻好种无人种，正是归时君未归[②]。

临晚景，忆当时。愁心一动乱如丝。夕阳芳草本无恨，才子佳人空自悲。

【解题】

晁补之（1053—1110），字无咎，号归来子，巨野（今属山东）人，北宋著名文学家，与黄庭坚、秦观、张耒并称“苏门四学士”，著有《鸡肋集》《晁氏琴趣外篇》。

【注释】

①春风何事入罗帏：李白《春思》：“当君怀归日，是妾断肠时。春风不相识，何事入罗帏？”

②胡麻好种无人种，正是归时君未归：唐代孟棨《本事诗》：“朱滔括兵，不择士族，悉令赴军，自阅于球场。有士子容止可观，进趋淹雅。滔召问之曰：‘所业者何？’曰：‘学为诗。’问：‘有

妻否?’曰:‘有。’即令作寄内诗，援笔立成。词曰:‘握笔题诗易，荷戈征戍难。惯从鸳被暖，怯向雁门寒。瘦尽宽衣带，啼多渍枕檀。试留青黛着，回日画眉看。’又令代妻作诗答曰:‘蓬鬓荆钗世所稀，布裙犹是嫁时衣。胡麻好种无人种，合是归时底不归?’滔遗以束帛，放归。”胡麻，即芝麻。

蓦山溪·效樵歌体

吴儆

清晨早起，小阁遥山翠。颒面[1]整冠巾，问寝[2]罢、安排菽水[3]。随家丰俭，不羡五侯鲭[4]，软煮肉，熟炊粳[5]，适意为甘旨。

中庭散步，一盏[6]云涛细。迤逦竹洲中，坐息与、行歌随意。逡巡酒熟，呼唤社中人，花下石，水边亭，醉便颓然睡。

【解题】

吴儆（1125—1183），字益恭，休宁（今安徽休宁）人，南宋官员，著有《竹洲集》。

樵歌体，指朱敦儒的词体风格。朱敦儒（1081—1159），字希真，洛阳（今河南洛阳）人，宋代官员，著有词集《樵歌》。

【注释】

①颒（huì）面：洗脸。

②问寝：向父母问安。《礼记》：“文王之为世子，朝于王季日三。鸡初鸣而衣服，至于寝门外，问内竖之御者曰：‘今日安否何如?’内竖曰：‘安。’文王乃喜。及日中又至，亦如之；及莫

又至，亦如之。”

③菽水：三国魏张揖《广雅》：“大豆，菽也。小豆，荅也。豆角谓之荚，其叶谓之藿。”《礼记》：“子路曰：‘伤哉贫也！生无以为养，死无以为礼也。’孔子曰：‘啜菽饮水尽其欢，斯谓之孝。敛手足形，还葬而无椁，称其财，斯之谓礼。’”

④五侯鲭（zhēng）：五侯，指汉成帝母舅王商兄弟五人。鲭，鱼和肉合烹的菜肴。《西京杂记》：“五侯不相能，宾客不得来往。娄护丰辩，传食五侯间，各得其欢心，竞致奇膳。护乃合以为鲭，世称‘五侯鲭’，以为奇味焉。”

⑤粳：黏性较小的稻。

水调歌头

辛弃疾

提干李君索余赋《野秀》《绿绕》二诗。余诗寻医久矣，姑合二榜之意，赋《水调歌头》以遗之。然君才气不减流辈，岂求田问舍而独乐其身耶。

文字觑天巧①，亭榭定风流。平生丘壑，岁晚也作稻粱谋②。五亩园中秀野③，一水田将绿绕④，穲稏不胜秋。饭饱对花竹，可是便忘忧。

吾老矣，探禹穴⑤，欠东游。君家风月几许，白鸟去悠悠。插架牙签万轴⑥，射虎南山一骑⑦，容我揽须不⑧？更欲劝君酒，百尺卧高楼[9]。

【解题】

提干李君，指李泳，生卒年不详，江都（今江苏扬州）人。提干，此处指坑冶司干办公事官。坑冶司，宋代官职，全称提点银铜坑冶铸公事司，又名铸钱司、泉司。

野秀、绿绕，当为李泳江都居第内的亭榭名。

求田问舍，《三国志》："陈登者，字符龙，在广陵有威名，又犄角吕布有功，加伏波将军，年三十九卒。后许汜与刘备并在荆州牧刘表坐，表与备共论天下人。汜曰：'陈元龙湖海之士，豪气不除。'备谓表曰：'许君论是非？'表曰：'欲言非，此君为善士，不宜虚言；欲言是，元龙名重天下。'备问汜：'君言豪，宁有事邪？'汜曰：'昔遭乱过下邳，见元龙，元龙无客主之意，久不相与语。自上大床卧，使客卧下床。'备曰：'君有国士之名，今天下大乱，帝主失所。望君忧国忘家，有救世之意，而君求田问舍，言无可采，是元龙所讳也，何缘当与君语？如小人，欲卧百尺楼上，卧君于地，何但上下床之间邪？'"

【注释】

①文字觑天巧：韩愈《答孟郊》诗："规模背时利，文字觑天巧。人皆余酒肉，子独不得饱。"

②稻粱谋：杜甫《同诸公登慈恩寺塔》诗："君看随阳雁，各有稻粱谋。"

③五亩园中秀野：苏轼《司马君实独乐园》："青山在屋上，

流水在屋下。中有五亩园，花竹秀而野。”

④一水田将绿绕：王安石《书湖阴先生壁二首》：“茅檐长扫净无苔，花木成畦手自栽。一水护田将绿绕，两山排闼送青来。”

⑤探禹穴：《史记·太史公自序》：“二十而南游江淮，上会稽，探禹穴。”

⑥插架牙签万轴：韩愈《送诸葛觉往随州读书》：“邺侯家多书，插架三万轴。一一悬牙签，新若手未触。”

⑦射虎南山一骑：《史记》：“（李）广家与故颍阴侯孙屏野居蓝田南山中射猎。”“广出猎，见草中石，以为虎而射之，中石没镞，视之石也。因复更射之，终不能复入石矣。广所居郡闻有虎，尝自射之。及居右北平射虎，虎腾伤广，广亦竟射杀之。”

⑧容我揽须不：《晋书》：“（孝武）帝召（桓）伊饮燕，（谢）安侍坐。帝命伊吹笛。伊神色无迕，即吹为一弄，乃放笛云：‘臣于筝分乃不及笛，然自足以韵合歌管，请以筝歌，并请一吹笛人。’帝善其调达，乃敕御妓奏笛。伊又云：‘御府人于臣必自不合，臣有一奴，善相便串。’帝弥赏其放率，乃许召之。奴既吹笛，伊便抚筝而歌怨诗曰：‘为君既不易，为臣良独难。忠信事不显，乃有见疑患。周旦佐文武，金縢功不刊。推心辅王政，二叔反流言。’声节慷慨，俯仰可观。安泣下沾衿，乃越席而就之，捋其须曰：‘使君于此不凡！’帝甚有愧色。”

⑨百尺卧高楼：参见本词解题。

龙吟曲·陪节欲行留别社友

史达祖

道人越布单衣[①]，兴高爱学苏门啸[②]。有时也伴，四佳公子[③]，五陵年少[④]。歌里眠香，酒酣喝月[⑤]，壮怀无挠。楚江南，每为神州未复，阑干静、慵登眺。

今日征夫在道。敢辞劳、风沙短帽。休吟稷穗[⑥]，休寻乔木[⑦]，独怜遗老。同社诗囊[⑧]，小窗针线，断肠秋早。看归来，几许吴霜[⑨]染鬓，验愁多少。

【解题】

史达祖（1163？—1220？），字邦卿，号梅溪，汴（今河南开封）人，南宋词人，著有《梅溪词》。

陪节，指陪同宋朝派往金国的使节李壁、林仲虎。《金史》："（泰和五年）闰八月辛巳，宋试吏部尚书李壁、广州观察使林仲虎贺天寿节。"据此可知，此词作于南宋开禧元年（1205）。

【注释】

①越布单衣：《后汉书》："（陆）闳，字子春，建武中为尚书令。美姿貌，喜着越布单衣，光武见而好之，自是常敕会稽郡献越布。"

②苏门啸：《世说新语》："阮步兵啸闻数百步。苏门山中，忽有真人，樵伐者咸共传说。阮籍往观，见其人拥膝岩侧，籍登岭就之，箕踞相对。籍商略终古，上陈黄、农玄寂之道，下

南宋·刘松年绘 《海珍图卷》

南宋·刘松年绘《海珍图卷》

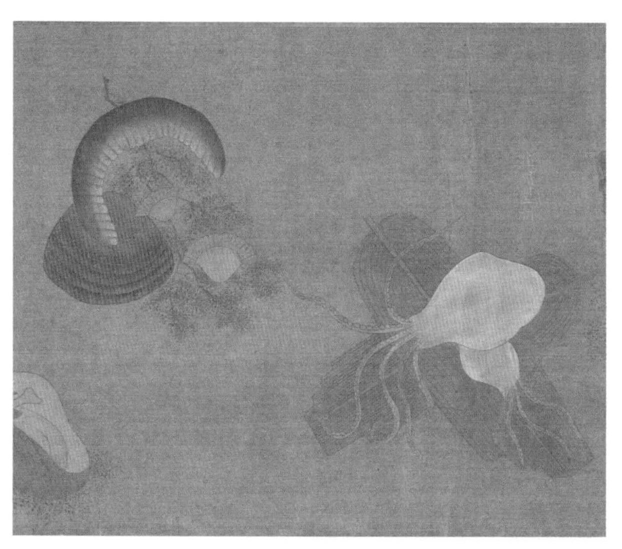

南宋·刘松年绘 《海珍图卷》

考三代盛德之美，以问之，仡然不应；复叙有为之教，栖神导气之术，以观之，彼犹如前，凝瞩不转。籍因对之长啸。良久，乃笑曰：‘可更作。’籍复啸。意尽退。还半岭许，闻上啮然有声，如数部鼓吹，林谷传响。顾看，乃向人啸也。”

③四佳公子：指战国四公子齐国孟尝君、赵国平原君、楚国春申君、魏国信陵君。汉代贾谊《过秦论》：“当此之时，齐有孟尝，赵有平原，楚有春申，魏有信陵：此四君者，皆明知而忠信，宽厚而爱人，尊贤而重士。”此处代指贵族子弟。

④五陵年少：《汉书》：“先是（原）涉季父为茂陵秦氏所杀，涉居谷口半岁所，自劾去官，欲报仇。谷口豪桀为杀秦氏，亡命岁余，逢赦出。郡国诸豪及长安、五陵诸为气节者皆归慕之。”颜师古注：“五陵，谓长陵、安陵、阳陵、茂陵、平陵也。”此处代指贵族子弟。

⑤酒酣喝月：唐代李贺《秦王饮酒》：“洞庭雨脚来吹笙，酒酣喝月使倒行。”

⑥稷（jì）穗：稷，《尔雅》：“粢，稷。”晋代郭璞注：“今江东人呼粟为粢。”宋代邢昺疏：“然则粢也、稷也、粟也，正是一物。”《诗经·王风·黍离》：“彼黍离离，彼稷之穗。行迈靡靡，中心如醉。”

⑦乔木：《诗经·周南·汉广》：“南有乔木，不可休思。”毛传氏：“南方之木美。乔，上竦也。”郑玄笺：“不可者，本有可道也。木以高其枝叶之故，故人不得就而止息也。”

⑧诗囊:《新唐书》:“(李贺)每旦日出，骑弱马，从小奚奴，背古锦囊，遇所得，书投囊中。未始先立题然后为诗，如它人牵合程课者。及暮归，足成之。”

⑨吴霜：李贺《还自会稽歌》:“吴霜点归鬓，身与塘浦晚。”

山野人家的清馔

浣溪沙

苏轼

麻叶层层苘叶光[①]。谁家煮茧一村香。隔篱娇语络丝娘[②]。

垂白杖藜抬醉眼，捋青捣麨软饥肠[③]。问言豆叶几时黄[④]。

【解题】

苏轼，参见《南歌子·游赏》解题。

【注释】

①麻叶层层苘（qǐng）叶光：麻，麻类作物的总名，有大麻、亚麻、芝麻、苘麻等。苘，即苘麻。宋代罗愿《尔雅翼》："苘，枲属，高四五尺，或六七尺，叶似苧而薄，实大如麻子。今人绩以为布及造绳索。"

②络丝娘：虫名，又名莎鸡。罗愿《尔雅翼》："莎鸡，振羽作声，其状头小而羽大，有青、褐两种，率以六月振羽作声，连夜札札不止，其声如纺丝之声，故一名梭鸡，一名络纬，今俗人谓之络丝娘，盖其鸣时，又正当络丝之候。"

③捋青捣麨（chǎo）软饥肠：麨，干粮名。《本草注》："麨

即糗，以麦蒸磨成屑。”软，饱。宋代惠洪《冷斋夜话》：“诗人多用方言，南人谓象牙为白暗，犀为黑暗，故老杜诗曰：‘黑暗通蛮货。’又谓睡美为黑甜，饮酒为软饱，故东坡诗曰：‘三杯软饱后，一枕黑甜余。’”

④问言豆叶几时黄：三国魏张揖《广雅》：“大豆，菽也。小豆，荅也。豆角谓之荚，其叶谓之藿。”

乌夜啼

陆游

世事从来惯见[①]，吾生更欲何之。镜湖[②]西畔秋千顷，鸥鹭共忘机[③]。

一枕苹风[④]午醉，二升菰米[⑤]晨炊。故人莫讶音书绝，钓侣是新知。

【解题】

陆游（1125—1210），字务观，号放翁，越州山阴（今浙江绍兴）人，南宋著名文学家，与尤袤、杨万里、范成大并称“中兴四大家”，著有《剑南诗稿》《渭南文集》等。

【注释】

①世事从来惯见：唐代孟棨《本事诗》：“刘尚书禹锡罢和州，为主客郎中、集贤学士。李司空罢镇在京，慕刘名，尝邀至第中，厚设饮馔。酒酣，命妙妓歌以送之。刘于席上赋诗曰：‘高髻云鬟宫样妆，春风一曲杜韦娘。司空见惯浑闲事，断尽苏州刺史

肠。’李因以妓赠之。”

②镜湖：在今浙江绍兴。唐代李吉甫《元和郡县图志》：“镜湖，后汉永和五年太守马臻创立，在会稽、山阴两县界筑塘蓄水，水高丈余，田又高海丈余，若水少则泄湖灌田，如水多则闭湖泄田中水入海，所以无凶年。堤塘周回三百一十里，溉田九千顷。”

③鸥鹭共忘机：《列子》：“海上之人有好沤鸟者，每旦之海上，从沤鸟游，沤鸟之至者百住而不止。其父曰：‘吾闻沤鸟皆从汝游，汝取来，吾玩之。’明日之海上，沤鸟舞而不下也。故曰：至言去言，至为无为。齐智之所知，则浅矣。”

④苹风：微风。宋玉《风赋》：“夫风生于地，起于青苹之末。”

⑤菰米：宋代苏颂《本草图经》：“二浙下泽处，菰草最多。其根相结而生，久则并上浮于水上，彼人谓之菰葑。刈去其叶，便可耕莳。其苗有茎梗者，谓之菰蒋草。至秋结实，乃雕胡米也。古人以为美馔，今饥岁人犹采以当粮。《西京杂记》云：‘汉太液池边，皆是雕胡、紫箨、绿节，蒲丛之类。’菰之有米者，长安人谓为雕胡。葭芦之米，解叶者紫箨。菰之有首者，谓之绿节是也。然则雕胡诸米，今皆不贯，大抵菰之种类皆极冷，不可过食，甚不益人。惟服金石人相宜耳。”

朝中措

范成大

身闲身健是生涯。何况好年华。看了十分秋月，重阳更插黄花[①]。

消磨景物，瓦盆社酿[②]，石鼎[③]山茶。饱吃红莲[④]香饭，侬家便是仙家。

【注释】

①重阳更插黄花：黄花，指菊花。古代重阳节有簪菊花的习俗。唐代《辇下岁时记》:“九日，宫掖间争插菊花，民俗尤甚。”

②社酿：社，社日。此处指秋社。社酿，秋社的酒。《东京梦华录》:“八月秋社，各以社糕、社酒相赍送。”

③石鼎：石制的茶炉。唐代韩愈著有《石鼎联句诗序》。

④红莲：指红莲稻。《姑苏志》:“红莲稻，芒红粒大，有早晚二种。范成大《再到虎丘》诗‘觉来饱吃红莲饭，正是塘东稻熟天’是也。”

绮罗香·渔浦有感

张磐

浦月窥檐，松泉漱枕[①]，屏里吴山[②]何处。暗粉疏红，依旧为谁匀注[③]。都负了、燕约莺期，更闲却、柳烟花雨。纵十分、春到邮亭[④]，赋怀应是断肠句。

青青原上荞麦[5]，还被东风无赖，翻成离绪。望极天西，惟有陇云江树。斜照带、一缕新愁，尽分付、暮潮归去。步闲阶、待卜心期，落花空细数。

【解题】

张磐，生卒年不详，字叔安，号梅崖，南宋末年官员，著有《梅崖集》。

渔浦，即宋代杭州渔浦潭。宋代祝穆《方舆胜览》:“在州南。丘希范《旦发渔浦潭》诗：‘渔潭雾未开，赤亭风已扬。棹歌发中流，鸣鞞响沓障。村童忽相聚，野老时一望。诡怪石异象，嶄绝峰殊状。森森荒树齐，析析寒沙涨。藤垂岛易陟，崖倾屿难傍。信是永幽栖，岂徒暂清旷。坐啸昔有委，卧治今可尚。’”

【注释】

①漱枕:《世说新语》:“孙子荆（孙楚）年少时欲隐，语王武子（王济）‘当枕石漱流’，误曰‘漱石枕流’。王曰：‘流可枕，石可漱乎?’孙曰：‘所以枕流，欲洗其耳；所以漱石，欲砺其齿。’”

②吴山:《方舆胜览》:“吴山在钱塘县南六里。上有伍子胥庙，命曰胥山。有井泉，清而且甘。”

③匀注：涂抹，化妆。

④邮亭：驿馆。《汉书》:“始（薛）惠为彭城令，（薛）宣从临淮迁至陈留，过其县，桥梁邮亭不修。”颜师古注：“邮，行书之舍，亦如今之驿及行道馆舍也，音尤。”

⑤荠麦：野生麦子，一说为荠菜与麦子。姜夔《扬州慢》："过春风十里，尽荠麦青青。"

摸鱼儿：宋词中的山海珍错

宋代食品种类丰富多样，《东京梦华录》生动地再现了当时汴京酒楼的琳琅菜品：“所谓茶饭者，乃百味羹、头羹、新法鹌子羹、三脆羹、二色腰子、虾蕈、鸡蕈、浑炮等羹、旋索粉玉棋子、群仙羹、假河鲀、白渫齑、货鳜鱼、假元鱼、决明兜子、决明汤齑、肉醋托胎衬肠、沙鱼两熟、紫苏鱼、假蛤蜊、白肉、夹面子、茸割肉、胡饼、汤骨头、乳炊羊、炰羊、闹厅羊、角炙腰子、鹅鸭排蒸、荔枝腰子、还元腰子、烧臆子、入炉细项莲花鸭签、酒炙肚胘、虚汁垂丝羊头、入炉羊、羊头签、鹅鸭签、鸡签、盘兔、炒兔、葱泼兔、假野狐、金丝肚羹、石肚羹、假炙獐、煎鹌子、生炒肺、炒蛤蜊、炒蟹、渫蟹、洗手蟹之类，逐时旋行索唤，不许一味有阙。或别呼索变造下酒，亦实时供应。又有外来托卖炙鸡、爊鸭、羊脚子、点羊头、脆筋巴子、姜虾、酒蟹、獐巴、鹿脯、从食蒸作、海鲜、时果、旋切莴苣、生菜、西京笋。又有小儿子，着白虔布衫，青花手巾，挟白磁缸子，卖辣菜。又有托小盘卖干果子，乃旋炒银杏、栗子、河北鹅梨、梨条、梨干、梨肉、胶枣、枣圈、梨圈、桃圈、核桃肉、牙枣、海红、嘉庆子、林檎旋、乌李、李子旋、樱桃煎、西京雪梨、夫梨、甘棠梨、凤栖梨、镇府浊梨、河阴石榴、河阳查子、查条、沙苑榅桲、回马孛萄、西川乳糖狮子、糖霜蜂儿、橄榄、温柑、绵枨、金橘、龙眼、荔枝、召白藕、甘蔗、漉梨、林檎干、枝头干、芭蕉干、人面子、巴览子、榛子、榧子、虾具之类。诸般蜜煎、香药菓子、罐子党梅、柿膏儿、香药小元儿、小腊茶、鹏沙元之类。更外卖软羊诸色包子、猪羊荷包、烧肉干脯、玉板鲊、犯鲊、片酱之类。其余小酒店，亦卖下酒，如煎鱼、鸭子、炒鸡兔、煎燠肉、梅汁、血羹、粉羹之类。”

伴随着饮食行业的欣欣向荣，宋代食经类著作的种类和数量大大增加。根据《宋史・艺文志》以及其他文献的记载，这一时期的食经类著作主要有《王氏食法》《养身食法》《王易简食法》《萧家法馔》《诸家法馔》《续法馔》《馔林》《珍庖备录》《古今食谱》《山家清供》《本心斋蔬食谱》《膳夫录》《玉食批》等等。这些食经至今尚存的，有旧题郑望之《膳夫录》、司膳内人《玉食批》、陈达叟《本心斋蔬食谱》和林洪《山家清供》四种。

《膳夫录》，旧题郑望之撰。该书仅一卷，内容比较简略，主要记载了隋唐时期饮食的相关内容，共有“羊种”“樱桃有三种”“鲫鱼鲙”“食檄”“五生盘”“王母饭”“食品”“八珍”“食次”“食单”“汴中节食”“厨婢”“牙盘食”“名食”等十四条。此书保留了隋唐时期的一些宫廷菜肴，如“食檄”条的“鹿肚、牛膘、炙鸭、鱐鱼、熊白、麞脯、糖蟹、车螯”等。“食品”条也记载：“隋炀帝有缕金龙凤蟹、萧家麦穗生、寒消粉、辣骄羊、肉尖面。”饮食风格兼备南北，既有山珍，也有海味，其中“汴中节食”则介绍了宋代汴京主要节日的节日食品。

《玉食批》，宋司膳内人撰。司膳系宋代宫内女厨的泛称。此书共一卷，所列美食名目近三十种，皆极珍贵，足以想见宋代帝王饮馔之奢侈。玉食包括酒醋白腰子、三鲜笋炒鹌子、爒石首书、土步辣羹、海盐蛇鲊、蝤蛑签、麂膊、酒炊淮白鱼之类。所取食料，亦极珍稀，“如羊头签止取两翼，土步鱼止取两腮，以蝤蛑为签，为馄饨为枨瓮，止取两螯，余悉弃之地”。书后附记宋高宗幸清河王张俊家供进御筵的食单，所列食物亦极珍奇丰盛。据此推知，此书约成于南宋高宗时期（1127—1162），因属菜单性质，故仅具饮馔品名，不述烹饪方法。

《本心斋蔬食谱》又名《蔬食谱》，宋陈达叟编。陈达叟，生卒年不详，清漳（今河北清漳）人。此书共一卷，记载了二十种素食条目，不仅介绍食品所用原料和制作方法，还附加十六字赞语。《蔬食谱》所载条目均为素食，所用原料涉及蔬菜、水果、粮食，有韭菜、山药、竹笋、萝卜、芋头、莲藕、粉丝、菌蕈、大豆、绿豆、龙眼、小麦等。整体而言，本书主要有两大特点：一是食物原料以山菜为主，兼及水生菜；二是制作工艺以清淡为主，与民间通常的烹饪方法有别，所谓“无人间烟火气”。

现存宋代食经之中最具影响力的，当属《山家清供》。此书为南宋林洪所著。林洪，生卒年不详，字龙发，号可山，自称钱塘（今浙江杭州）林逋（和靖）的七世孙。全书共分上下二卷，收录了一百余种宋代饮食及其烹饪方法，涉及菜、羹、汤、饭、饼、面、粥、糕团、点心等品类，包括煎、煮、烹、炸、烤、蒸、涮、渍、腌、拌等烹饪方法，对于每一种美食的原料选取、加工烹饪，乃至风味独特之处都有细致的描述。林洪为众多菜品选取了雅丽脱俗的名称，如“碧涧羹”“冰壶珍”“蓝田玉”“傍林鲜”“煿金煮玉”“银丝供”“玉灌肺”“进贤菜”“山海兜”“拨霞供”“蟹酿橙”“玉带羹”“山家三脆”“玉井饭”“橙玉生”“雪霞羹”“忘忧齑”“脆琅玕”等。其中，“拨霞供”的记载尤其值得注意，这是中国古代典籍对于涮火锅的首次记录。

参不透的“玉版师”

玉楼春

钱惟演

锦箨[1]参差朱槛曲。露濯文犀[2]和粉绿。未容浓翠伴桃红，已许纤枝留凤宿[3]。

嫩似春荑[4]明似玉。一寸芳心谁管束[5]。劝君速吃莫踟蹰，看被南风吹作竹[6]。

【解题】

钱惟演（977—1034），字希圣，钱塘（今浙江杭州）人，北宋官员，文学家，“西昆体”重要诗人，参与编纂《册府元龟》等。

此词为咏笋之作，是北宋早期的咏物词之一。

【注释】

①锦箨（tuò）：箨，笋皮。《竹谱》：“雏龙、箨龙、玉版、锦棚儿，皆笋名也。”

②文犀：原指有文彩的犀角，此处形容竹笋的纹理。

③已许纤枝留凤宿：相传凤凰非竹实不食。《诗经·大雅·卷阿》：“凤皇鸣矣，于彼高冈。梧桐生矣，于彼朝阳。”郑玄笺：

“凤皇鸣于山脊之上者，居高视下，观可集止。喻贤者待礼乃行，翔而后集。梧桐生者，犹明君出也。生于朝阳者，被温仁之气，亦君德也。凤皇之性，非梧桐不栖，非竹实不食。”

④春荑（tí）：春天茅草的嫩芽，此处形容竹笋的鲜嫩。

⑤一寸芳心谁管束：李商隐《初食笋呈座中》：“皇都陆海应无数，忍剪凌云一寸心？”

⑥劝君速吃莫踟蹰，看被南风吹作竹：白居易《食笋》：“且食勿踟蹰，南风吹作竹。”

行香子·云岩道中

辛弃疾

云岫如簪。野涨挼蓝[①]。向春阑、绿醒红酣。青裙缟袂[②]，两两三三。把曲生禅，玉版句[③]，一时参。

拄杖弯环。过眼嵌岩。岸轻乌、白发鬖鬖[④]。他年来种，万桂千杉。听小绵蛮，新格磔，旧呢喃[⑤]。

【解题】

云岩，即今江西铅山之云岩山。《大明一统名胜志》：“云岩在（铅山）县西十八里，直嵩山之前，松径逶迤，始陟其巅两里，崚嶒怪石，作蛟螭盘屈状，其上天窗室盖，不可形模。地势渐高，道人为桥为堂为殿，皆因其次第。一穴可容百许人。若阴晦中云气蓊而兴，则斯须雨降，与道人分界泥，今亦化为石，指痕尚存。”

【注释】

①野涨挼（ruó）蓝：白居易《春池上戏赠李郎中》："满池春水何人爱，唯我回看指似君。直似挼蓝新汁色，与君南宅染罗裙。"

②青裙缟袂（gǎo mèi）：缟袂，白色丝绸上衣。苏轼《于潜女》："青裙缟袂于潜女，两足如霜不穿屦。"

③玉版句：宋代惠洪《冷斋夜话》："（苏轼）尝邀刘器之同参玉版和尚，器之每倦山行，闻见玉版，欣然从之。至廉泉寺，烧笋而食，器之觉笋味胜，问：'此笋何名？'东坡曰：'即玉版也。此老师善说法，要能令人得禅悦之味。'于是器之乃悟其戏，为大笑。东坡亦悦，作偈曰：'丛林真百丈，嗣法有横枝。不怕石头路，来参玉版师。聊凭柏树子，与问箨龙儿。瓦砾犹能说，此君那不知。'"

④岸轻乌、白发鬖（sān）鬖：岸，向上推。轻乌，指乌纱帽。鬖鬖，形容头发蓬松散乱的样子。

⑤听小绵蛮，新格磔（zhé），旧呢喃：绵蛮，黄莺叫声。《诗经·小雅·绵蛮》："绵蛮黄鸟，止于丘隅。"格磔，鹧鸪叫声。唐代钱起《江行无题》："只如秦塞远，格磔鹧鸪啼。"呢喃，燕子叫声。宋代刘季孙《题饶州酒务厅屏》："呢喃燕子语梁间，底事来惊梦里闲。"

品不尽的人间清味

浣溪沙

苏轼

元丰七年十二月二十四日，从泗州刘倩叔游南山。

细雨斜风作晓寒，淡烟疏柳媚晴滩。入淮清洛[①]渐漫漫。

雪沫乳花[②]浮午盏，蓼茸蒿笋试春盘[③]。人间有味是清欢。

【解题】

泗州，古地名，宋代乐史《太平寰宇记》:“泗州，禹贡徐州之域。星分斗宿四度。周十二州，又为徐州之境。春秋时宋地，故曰‘宋人迁宿’，又在宿之封内也。七国时齐之南境。秦为薛郡地。汉高祖分薛郡立东海郡，又为东海郡地。元鼎四年分东海郡别为泗水国，封常山宪王子商为王，领县三，都凌。又按凌在今郡北二百四十里，当宿迁东南古凌城是也。至玄孙靖，王莽时国绝。武帝末分沛置临淮郡之厹犹县，即此邑，故有东海、沛、临淮三郡之地，皆今州界也。后汉以其地合下邳国，兼置徐州，领郡国五，理于此。晋置宿预县，属淮阳国。宋为南彭城、下邳二郡地。后魏亦为下邳郡，兼置东徐州。自晋至后魏为宿预县不改。后魏末又于此置东徐镇及宿预郡，后又为东徐州，又为东楚州。陈太建五年改为安州。后周建德五年改为东楚州，兼立宿迁郡；大象二年改为泗州。隋改为下邳郡。唐武德四年平王世充，又为泗州，领宿预、徐城、淮阳三县。贞观元年省淮阳入宿预，以废邳州之下邳，废涟州之涟水来属；八年又以废仁州之虹县来属。总章元年割海州之沭阳来属。咸亨五年以沭阳还海州。长安四年置临淮县。开元二十三年，河南道采访处置使、嗣鲁王道坚奏移州就临淮，即今理也。天宝元年改为临淮郡。乾元元年复为泗州。"

刘倩叔，生平不详。

南山，即都梁山。《太平寰宇记》："都梁山，在（盱眙）县南十六里。《广志》云：'都梁山生淮兰草，一名都梁香草，故以为名。在楚州西南二百九里。'又阮升之记云：'都梁山通钟离郡，广袤甚远，出桔梗、芫花等药。'伏滔《北征记》云：'有都梁香草，因以为名。'"

【注释】

①入淮清洛：《宋史》："（元丰二年）三月庚寅，以（宋）用臣都大提举导洛通汴。四月甲子兴工，遣礼官祭告。河道侵民冢墓，给钱徙之，无主者，官为瘗藏。六月戊申，清汴成，凡用工四十五日。自任村沙口至河阴县瓦亭子；并汜水关北通黄河：接运河，长五十一里。两岸为堤，总长一百三里，引洛水入汴。

七月甲子，闭汴口，徙官吏、河清卒于新洛口。戊辰，遣礼官致祭。十一月辛未，诏差七千人，赴汴口开修河道。”

②雪沫乳花：指茶汤表面的浮沫。

③蓼（liǎo）茸蒿笋试春盘：蓼茸，蓼菜的嫩芽。蓼，陶弘景《本草集注》：“此类多人所食，有三种：一是青蓼，人家常用，其叶有圆、有尖，以圆者为胜，所用即此也；一是紫蓼，相似而紫色；一是香蓼，相似而香，并不甚辛，好食。”蒿笋，茼蒿的嫩茎。茼蒿，李时珍《本草纲目》：“茼蒿，八九月下种，冬春采食肥茎。花、叶微似白蒿，其味辛甘，作蒿气。四月起薹，高二尺余。开深黄色花，状如单瓣菊花。一花结子近百成球，如地菘及苦买子，最易繁茂。”春盘，宋代陈元靓《岁时广记》：“《摭遗》：‘东晋李鄂，立春日，命芦菔、芹芽为菜盘馈贶，江淮人多效之。’《尔雅》曰：‘芦菔，即萝卜也。’古诗云：‘芦菔白玉缕，生菜青丝盘。’老杜诗云：‘春日春盘细生菜，忽忆两京梅发时。盘出高门行白玉，菜传纤手送青丝。’”

玉楼春·用韵呈仲洽

辛弃疾

狂歌击碎村醪醆[①]。欲舞还怜衫袖短[②]。身如溪上钓矶闲，心似道旁官堠懒[③]。

山中有酒提壶劝[④]。好语多君堪鲊饭[⑤]。至今有句落人间，渭水西风黄叶满⑥。

【解题】

小题或作“用韵答叶仲洽”。叶仲洽，生平不详。

【注释】

①醆(zhǎn):“盏”，指酒杯。《广韵》:“琖、盏、醆同。”

②欲舞还怜衫袖短:《韩非子》:“鄙谚曰:‘长袖善舞，多钱善贾。’此言多资之易为工也。”

③心似道旁官堠(hòu)懒:词尾有小注:“谚云:‘馋如鹞子，懒如堠子。’”堠子，古代路边用以分界或计里数的土坛。韩愈《路傍堠》诗:‘堆堆路傍堠，一双复一只。迎我出秦关，送我入楚泽。’”

④山中有酒提壶劝:提壶，鸟名，即鹈鹕。梅尧臣《四禽诗》:“提壶芦，沽美酒。风为宾，树为友。山花撩乱目前开，劝尔今朝千万寿。”

⑤好语多君堪鲊(zhǎ)饭:鲊，腌鱼。苏轼《仇池笔记》:“江南人好作盘游饭，鲊脯脍炙无不有，然皆埋之饭中。故里谚云:‘撅得窖子’。”

⑥渭水西风黄叶满:贾岛《忆江上吴处士》诗:“秋风吹渭水，落叶满长安。”《唐摭言》:“贾岛，字阆仙。元和中，元、白尚轻浅，岛独变格入僻，以矫浮艳。虽行坐寝食，吟味不辍。尝跨驴张盖，横截天衢。时秋风正厉，黄叶可扫，岛忽吟曰:‘落叶满长安’，志重其冲口直致，求之一联，杳不可得，不知身之所从也，

因之唐突大京兆刘栖楚，被系一夕而释之。”

添字浣溪沙·用前韵谢傅岩叟馈名花鲜蕈

辛弃疾

杨柳温柔是故乡。纷纷蜂蝶去年场。大率[①]一春风雨事，最难量。

满把携来红粉面[②]，堆盘更觉紫芝香[③]。幸自曲生闲去了，又教忙[④]。

【解题】

傅岩叟，指傅栋，铅山（今江西铅山）人，曾为南宋鄂州州学讲书。南宋陈文蔚《傅讲书生祠记》：“铅山傅岩叟，幼亲师学，肄儒业，抱负不凡。壮而欲行爱人利物之志，命与时违，抑而弗信，则曰士有穷达，道无显晦，乃以是理施之家，而达之乡。……时稼轩辛公有时望，欲讽庙堂奏官之，岩叟以非其志，辞。辛不能夺，议遂寝，节目具存，尚可覆也。”

蕈（xùn），生长在树林或草地的高等菌类。宋代陈仁玉《菌谱》收录有合蕈、稠膏蕈、栗壳蕈、松蕈、竹蕈、麦蕈、玉蕈、黄蕈、紫蕈、四季蕈、鹅膏蕈等十一种食用蕈。

【注释】

①大率：大抵，大概。

②满把携来红粉面：红粉面，原指美女用红粉匀过的面颊，此处指名花。

③堆盘更觉紫芝香：紫芝，即灵芝。宋代罗愿《尔雅翼》：“芝乃多种，故方术家有六芝，其五芝备五色五味，分生五岳。惟紫芝最多。昔四老人避秦入商洛山，采芝食之，作歌曰‘晔晔紫芝，可以疗饥’，是也。”此处指鲜蕈。

④幸自曲生闲去了，又教忙：曲生，指酒。唐代郑棨《开天传信记》：“道士叶法善，精于符箓之术。……尝有朝客数十人诣之，解带淹留，满座思酒。忽有人叩门，云曲秀才。法善令人谓曰：‘方有朝僚，未暇瞻晤，幸吾子异日见临也。’语未毕，有一美措，傲睨而入，年二十余，肥白可观，笑揖诸公，居末席。抗声谈论，援引古人，一席不测，恐耸观之。良久暂起，旋转，法善谓诸公曰：‘此子突入，语辩如此，岂非魑魅为惑乎？试与诸公避之。’曲生复至，扼腕抵掌，论难锋起，势不可当。法善密以小剑击之，随手失坠于阶下，化为瓶榼，一座惊慑，遽视其所，乃盈瓶醲酝也。咸大笑饮之，其味甚嘉。座客醉而揖其瓶曰：‘曲生风味，不可忘也。’”词尾小注云：“才止酒。”

南歌子·山药

张镃

种玉能延命[1]，居山易学仙。青青一亩自锄烟。雾孕云蒸、肌骨更凝坚。

熟染蜂房蜜[2]，清添石鼎泉。雪香酥腻老来便。煨芋炉深、却笑祖师禅[③]。

【解题】

张镃（1153—1221），字功甫，号约斋，成纪（今甘肃天水）人，南宋官员，著有《南湖集》《玉照堂词》。

山药，宋代苏颂《本草图经》："处处有，以北都、四明者为佳。春生苗，蔓延篱援。茎紫叶青，有三尖似白牵牛叶，更厚而光泽。夏开细白花，大类枣花。秋生实于叶间，状如铃。今入冬春采根，刮之白色者为上，青黑者不堪。近汴、洛人种之极有息。春取宿根头，以黄沙和牛粪作畦种之。苗生似竹稍作援，高一二尺。夏月频溉之。当年可食，极肥美。南中一种生山中，根细如指，极紧实，刮磨入汤煮之，作块不散，味更真美，云食之尤益人，过于家园种者。又江湖、闽中一种，根如姜、芋之类而皮紫。极有大者，一枚可重数斤。削去皮，煎、煮食俱美，但性冷于北地者耳。彼土人呼为藷。南北之产或有不同，故形类差别也。"

【注释】

①种玉能延命：山药又名玉延，此处拆词双关。种玉，晋代干宝《搜神记》："杨公伯雍，雒阳县人也。本以侩卖为业，性笃孝。父母亡，葬无终山，遂家焉。山高八十里，上无水，公汲水，作义浆于坂头，行者皆饮之。三年，有一人就饮，以一斗石子与之，使至高平好地有石处种之，云：'玉当生其中。'杨公未娶，又语云：'汝后当得好妇。'语毕不见。乃种其石。数岁，

时时往视，见玉子生石上，人莫知也。有徐氏者，右北平著姓，女甚有行，时人求，多不许。公乃试求徐氏，徐氏笑以为狂，因戏云：‘得白璧一双来，当听为婚。’公至所种玉田中，得白璧五双，以聘。徐氏大惊，遂以女妻公。天子闻而异之，拜为大夫。乃于种玉处，四角作大石柱，各一丈，中央一顷地名曰‘玉田’。”

②熟染蜂房蜜：形容山药甜熟，如同蜂蜜。

③煨芋炉深、却笑祖师禅：唐代李繁《邺侯家传》：“李泌在衡岳，有僧明瓒，号懒残。泌察其非凡，中夜潜往谒之。懒残命坐，拨火中芋以啖之，曰：‘勿多言，领取十年宰相。’”

水调歌头

吴潜

若说故园景，何止可消忧。买邻[1]谁欲来住，须把万金酬。屋外泓澄是水，水外阴森是竹，风月尽兜收。柳径荷漪畔，灯火系渔舟。

且东皋，田二顷，稻粱谋。竹篱茅舍，窗户不用玉为钩。新擘黄鸡肉嫩[2]，新斫紫螯膏美[3]，一醉自悠悠。巴得春来到，芦笋长沙洲。

【注释】

①买邻：《南史》：“初，宋季雅罢南康郡，市宅居（吕）僧珍宅侧。僧珍问宅价，曰‘一千一百万’。怪其贵，季雅曰：‘一百万买宅，千万买邻。’及僧珍生子，季雅往贺，署函曰‘钱一千’。

阍人少之，弗为通，强之乃进。僧珍疑其故，亲自发，乃金钱也。遂言于帝，陈其才能，以为壮武将军、衡州刺史。将行，谓所亲曰：‘不可以负吕公。’在州大有政绩。”

②新擘（bò）黄鸡肉嫩：擘，剖开。黄鸡，李白《南陵别儿童入京》：“白酒新熟山中归，黄鸡啄黍秋正肥。”

③新斫（zhuó）紫鳌膏美：斫，砍开。紫鳌，代指螃蟹。

唱不完的“渔父词”

鹧鸪天·送欧阳国瑞入吴中

辛弃疾

莫避春阴上马迟。春来未有不阴时[①]。人情展转闲中看，客路崎岖倦后知。

梅似雪，柳如丝。试听别语慰相思。短篷炊饭鲈鱼熟[②]，除却松江枉费诗[③]。

【解题】

欧阳国瑞，铅山（今江西铅山）人，生平不详。朱熹《跋欧阳国瑞母氏锡诰》称其“器识开爽，陈义甚高，其必有进乎古人为己之学，而使国人愿称焉”。

【注释】

①春来未有不阴时：杜甫《人日两篇》：“元日到人日，未有不阴时。”

②短篷炊饭鲈鱼熟：短篷，指小船。鲈鱼，《世说新语》：“张季鹰辟齐王东曹掾，在洛见秋风起，因思吴中菰菜羹、鲈鱼脍，曰：‘人生贵得适意尔，何能羁宦数千里以要名爵！’遂命驾便归。

俄而齐王败，时人皆谓为见机。”

③除却松江枉费诗：松江，即吴淞江，又名吴江。唐代《岁华纪丽》：“张季鹰之歌发。《鲈鱼歌》曰：‘秋风起兮木叶飞，吴江水兮鲈正肥。三千里兮家未归，恨难禁兮仰天悲。’遂挂冠而去。”

渔家傲·白湖观捕鱼

刘学箕

汉水[1]悠悠还漾漾。渔翁出没穿风浪。千尺丝纶垂两桨。收又放。月明长在烟波上。

钓得活鳞鳊缩项[2]。篘[3]成玉液香浮盎。醉倒自歌歌自唱。轻枭缆。碧芦红蓼[4]清滩傍。

【解题】

刘学箕，生卒年不详，字习之，号种春子，又号方是闲居士，崇安（今福建武夷山）人，南宋隐士，著有《方是闲居士小稿》。

白湖，在今湖北潜江。宋代王象之《舆地纪胜》：“白湖，在（江陵府）潜江县西南三十里。又有北白湖。监利亦有白湖。”

【注释】

①汉水：汉江，流经今陕西省和湖北省。

②鳊缩项：晋代习凿齿《襄阳耆旧传》：“岘山下，汉水中，出鳊鱼，味极肥而美。常禁襄阳人采捕，遂以槎断水，因谓之

槎头缩项。”

③篘：竹制的滤酒器。

④碧芦红蓼：芦，《本草纲目》：“按毛苌《诗疏》云：‘苇之初生曰葭，未秀曰芦，长成曰苇。’苇者，伟大也。芦者，色芦黑也。葭者，嘉美也。”蓼，后蜀韩保昇《蜀本草》：“蓼类甚多，有青蓼、香蓼、水蓼、马蓼、紫蓼、赤蓼、木蓼七种。紫、赤二蓼，叶小狭而厚。青、香二蓼，叶亦相似而俱薄。马、水二蓼，叶俱阔大，上有黑点。木蓼，一名天蓼，蔓生，叶似柘叶。六蓼，花皆红白，子皆大如胡麻，赤黑而尖扁。惟木蓼，花黄白，子皮青滑。诸蓼并冬死，惟香蓼宿根重生，可为生菜。”

望江南

吴潜

家山好，好处是三冬[①]。梨栗甘鲜输地客[②]，鲂鳊[③]肥美献溪翁。醉滴小槽红[④]。

识破了，不用计穷通。下泽车[⑤]安如驷马，市门卒稳似王公[⑥]。一笑等鸡虫[⑦]。

【注释】

①三冬：指冬季的三个月，即孟冬（农历十月）、仲冬（农历十一月）、季冬（农历十二月）。

②地客：雇农，佃户。

③鲂（fáng）鳊：古代认为鲂、鳊为同一种鱼。《本草纲目》：

“鲂，方也；鳊，扁也。其状方，其身扁也。”“鲂鱼处处有之，汉沔尤多。小头缩项，穹脊阔腹，扁身细鳞，其色青白。腹内有肪，味最腴美。其性宜活水。”

④小槽红：酒名，指用小槽榨制的红酒。小槽，榨酒的工具。宋代胡仔《苕溪渔隐丛话》:“江南人家，造红酒，色味两绝。李贺《将进酒》云:‘小槽酒滴真珠红。’盖谓此也。乐天诗亦云:‘燕脂酌蒲萄。’蒲萄，酒名也，出太原，得非亦与江南红酒相类者乎?”

⑤下泽车:《后汉书》载马援从弟少游曰:“士生一世，但取衣食裁足，乘下泽车，御款段马，为郡掾吏，守坟墓，乡里称善人，斯可矣。致求盈余，但自苦耳。”李贤注:“《周礼》曰‘车人为车，行泽者欲短毂，行山者欲长毂，短毂则利，长毂则安’也。”

⑥市门卒稳似王公:《汉书》:“至元始中，王莽颛政,(梅)福一朝弃妻子，去九江，至今传以为仙。其后，人有见福于会稽者，变名姓，为吴市门卒云。”

⑦一笑等鸡虫：杜甫《缚鸡行》:“小奴缚鸡向市卖，鸡被缚急相喧争。家中厌鸡食虫蚁，不知鸡卖还遭烹。虫鸡于人何厚薄，吾叱奴人解其缚。鸡虫得失无了时，注目寒江倚山阁。”

渔父词·和玄真子

孙锐

平湖千顷浪花飞。春后银鱼[1]霜更肥。

菱叶饭[2]，芦花衣[3]。酒酣载月忙呼归。

【解题】

孙锐（1199—1276），字颖叔，吴江（今江苏吴江）人，南宋末年官员。

【注释】

①银鱼：脍残鱼。宋代吴曾《能改斋漫录》：“《太平广记》载《洛阳伽蓝记》云：释宝志尝于台城对梁武帝吃脍，食讫，武帝曰：‘朕不知味二十余年矣，师何云尔！’志公乃吐出小鱼，依依鳞尾。如今秣陵尚有脍残鱼也。予按：越王勾践之保会稽，方斫鱼为脍。闻吴兵，弃其余于江，化而为鱼，犹作脍形也。故名脍残鱼，亦曰王余鱼。以是知脍残鱼不始于志公。又《博物志》曰：‘孙权曾以行食脍，有余，因弃之中流，化而为鱼。今有鱼犹名吴余脍者，长数寸，大如筋，尚类脍形也。’《吴都赋》曰：‘片则王余。’王逸注曰：‘王余鱼，其身半也。俗云越王脍鱼未尽，因以其半弃之，为鱼，遂无其一面，故曰王余也。’”

②菱叶饭：指用菱叶包的饭团。宋代林洪《山家清供》：“暑月，命客泛舟莲荡中，先以酒入荷叶束之，又包鱼鲊它叶内。俟舟回，风薰日炽，酒香鱼熟，各取酒及鲊，真佳适也。坡云：‘碧

筒时作象鼻弯，白酒微带荷心苦。’坡守杭时，想屡作此供用。”

③芦花衣：指用芦花做的衣服。《孝子传》：“闵子骞幼时为后母所苦，冬月以芦花衣之以代絮。其父后知之，欲出后母，子骞跪曰：‘母在一子单，母去三子寒。’父遂止。”

食不厌的生猛海鲜

水调歌头·再用韵答李子永

辛弃疾

君莫赋幽愤[①]，一语试相开。长安车马道上，平地起崔嵬[②]。我愧渊明久矣，独借此翁湔洗，素壁写归来[③]。斜日透虚隙，一线万飞埃[④]。

断吾生，左持蟹，右持杯[⑤]。买山自种云树，山下劚烟莱[⑥]。百炼都成绕指[⑦]，万事直须称好[⑧]，人世几舆台[⑨]。刘郎更堪笑，刚赋看花回[⑩]。

【解题】

小题或作“再用韵，答李子永提干”。李子永即李泳，江都（今江苏扬州）人。提干，此处指坑冶司干办公事官。坑冶司，宋代官职，全称提点银铜坑冶铸公事司，又名铸钱司、泉司。

【注释】

①赋幽愤：《晋书》：“东平吕安服（嵇）康高致，每一相思，辄千里命驾，康友而善之。后安为兄所枉诉，以事系狱，辞相证引，遂复收康。康性慎言行，一旦缧绁，乃作《幽愤诗》。”

②长安车马道上，平地起崔嵬：孟郊《感别送从叔校书简再登科东归》：“长安车马道，高槐结浮阴。下有名利人，一人千万心。”平地起崔嵬，指仕途遭遇意外风波。

③我愧渊明久矣，独借此翁湔洗，素壁写归来：苏辙《追和陶渊明诗引》：“吾真有此病，而不早自知，平生出仕，以犯世患，此所以深愧渊明，欲以晚节师范其万一也。”归来，指陶渊明《归去来兮辞》。

④斜日透虚隙，一线万飞埃：唐代宗密《禅源诸诠集都序》：“微细习情，起灭彰于静慧。差别法义，罗列见于空心。虚隙日光，纤埃扰扰。清潭水底，影像昭昭。”

⑤左持蟹，右持杯：《晋书》：“（毕）卓尝谓人曰：‘得酒满数百斛船，四时甘味置两头，右手持酒杯，左手持蟹螯，拍浮酒船中，便足了一生矣。’”

⑥买山自种云树，山下劚（zhú）烟莱：《世说新语》：“支道林因人就深公买印山，深公答曰：‘未闻巢由买山而隐。’”劚，砍。莱，丛生的野草。

⑦百炼都成绕指：刘琨《重赠卢谌》：“何意百炼刚，化为绕指柔。”

⑧万事直须称好：三国时期《司马徽别传》：“徽，字德操，颍川阳翟人。有人伦鉴识，居荆州。知刘表性暗，必害善人，乃括囊不谈议时人。有以人物问徽者，初不辨其高下，每辄言佳。其妇谏曰：‘人质所疑，君宜辨论，而一皆言佳，岂人所以咨君

之意乎?’徽曰:‘如君所言，亦复佳。’其婉约逊遁如此。”

⑨舆台:《左传》:“天有十日，人有十等。故王臣公，公臣大夫，大夫臣士，士臣皂，皂臣舆，舆臣隶，隶臣僚，僚臣仆，仆臣台。”

⑩刘郎更堪笑，刚赋看花回:刘郎，指刘禹锡。唐代孟棨《本事诗》:“刘尚书自屯田员外左迁朗州司马，凡十年始征还。方春，作《赠看花诸君子》诗曰:‘紫陌红尘拂面来，无人不道看花回。玄都观里桃千树，尽是刘郎去后栽。’其诗一出，传于都下。有素嫉其名者，白于执政，又诬其有怨愤。他日见时宰，与坐，慰问甚厚。既辞，即曰:‘近者新诗未免为累，奈何?’不数日出为连州刺史。”

朝中措

陈三聘

秋山横截半湖光。湖渚橘枝黄。纨扇罢摇蟾影[①]，练衣[②]已怯风凉。

插红裂蟹[③]，银丝鲙鲫[④]，莫负传觞。醉里乾坤广大，人间宠辱兼忘。

【解题】

陈三聘，生卒年不详，字梦弼，吴郡（今江苏苏州）人，南宋词人。

【注释】

①蟾影：汉代张衡《灵宪》："羿请无死之药于西王母，姮娥窃之以奔月。将往，枚筮之于有黄，有黄占之曰：'吉。翩翩归妹，独将西行，逢天晦芒，毋惊毋恐，后其大昌。'姮娥遂托身于月，是为蟾蜍。"

②练衣：白色布衣。

③插红裂蟹：螃蟹煮熟变红。

④银丝鲙鲫：将鲫鱼切成银白色细丝。

阮郎归

徐似道

茶寮山上一头陀[1]。新来学者么。蝤蛑[2]螃蟹与乌螺。知他放几多。

有一物，是蜂窝。姓牙名老婆[3]。虽然无奈得它何。如何放得它。

【解题】

徐似道，生卒年不详，字渊子，号竹隐，黄岩（今浙江黄岩）人，南宋官员、诗人，著有《竹隐集》。

宋代《谈薮》："徐渊子舍人，好以诗文谐谑。丁少詹与妻有违言，弃家居茶寮山，茹素诵经，日买海物放生，久而不归。妻患之，祈徐譬解。徐许诺，出门见卖老婆牙者，买一巨篮饷丁，且作词曰：'茶寮山上一头陀。新来学者么。蝤蛑螃蟹与乌螺。

知他放几多。有一物，是蜂窝。姓牙名老婆。虽然无奈得它何。如何放得它。’丁见词，大笑而归。”

【注释】

①茶寮山上一头陀：茶寮山，今浙江台州茶山。《太平山川记》：“茶叶寮，五代时于履居之。”《台州府志》：“于履，黄岩人，与宁海郑睿俱以文名。睿仕吴越为都官员外郎。履不仕，隐居茶寮山，自号药林。”头陀，梵语，指僧人。

②蝤蛑（yóu móu）：梭子蟹。宋代苏颂《本草图经》：“（蟹）其扁而最大，后足阔者，名蝤蛑。南人谓之拨棹子，以其后脚如棹也。一名蟳。随潮退壳，一退一长。其大者如升，小者如盏楪。两螯如手，所以异于众蟹也。其力至强，八月能与虎斗，虎不如也。”

③姓牙名老婆：老婆牙，即藤壶。宋代罗大经《鹤林玉露》：“昔周益公、洪容斋尝侍寿皇宴。因谈肴核，上问容斋：‘卿乡里何所产？’容斋，番阳人也。对曰：‘沙地马蹄鳖，雪天牛尾狸。’又问益公。公庐陵人也，对曰：‘金柑玉版笋，银杏水晶葱。’上吟赏。又问一侍从，忘其名，浙人也，对曰：‘螺头新妇臂，龟脚老婆牙。’四者皆海鲜也，上为之一笑。”

鹧鸪天

汪元量

潋滟湖光绿正肥[①]。苏堤[②]十里柳丝垂。轻便燕子低低舞，小巧莺儿恰恰啼[3]。

花似锦，酒成池。对花对酒两相宜。水边莫话长安事[4]，且请卿卿吃蛤蜊[5]。

【解题】

汪元量（约1241—约1317），字大有，号水云，钱塘（今浙江杭州）人，南宋末年宫廷琴师，著有《水云集》《湖山类稿》。

【注释】

①潋滟湖光绿正肥：苏轼《饮湖上初晴后雨》："水光潋滟晴方好，山色空蒙雨亦奇。"李清照《如梦令》："知否，知否，应是绿肥红瘦。"

②苏堤：杭州西湖的苏公堤。《宋史》："杭本近海，地泉咸苦，居民稀少。唐刺史李泌始引西湖水作六井，民足于水。白居易又浚西湖水入漕河，自河入田，所溉至千顷，民以殷富。湖水多葑，自唐及钱氏，岁辄浚治，宋兴，废之，葑积为田，水无几矣。漕河失利，取给江潮，舟行市中，潮又多淤，三年一淘，为民大患，六井亦几于废。（苏）轼见茅山一河专受江潮，盐桥一河专受湖水，遂浚二河以通漕。复造堰闸，以为湖水畜泄之限，江潮不复入市。以余力复完六井，又取葑田积湖中，南北径三十里，为长堤以通行者。吴人种菱，春辄芟除，不遗寸草。且募人种菱湖中，葑不复生。收其利以备修湖，取救荒余钱万缗、粮万石，及请得百僧度牒以募役者。堤成，植芙蓉、杨柳其上，望之如画图，杭人名为苏公堤。"

③轻便燕子低低舞，小巧莺儿恰恰啼：杜甫《江畔独步寻花七绝句》："留连戏蝶时时舞，自在娇莺恰恰啼。"

④长安事：指南宋亡国之事。长安，汉唐故都，此处代指南宋都城临安。

⑤且请卿卿吃蛤蜊：《南史》："（王）融躁于名利，自恃人地，三十内望为公辅。初为司徒法曹，诣王僧佑，因遇沈昭略，未相识。昭略屡顾盼，谓主人曰：'是何年少？'融殊不平，谓曰：'仆出于扶桑，入于汤谷，照耀天下，谁云不知，而卿此问？'昭略云：'不知许事，且食蛤蜊。'融曰：'物以群分，方以类聚，君长东隅，居然应嗜此族。'其高自标置如此。"

庆春泽：宋词中的园蔬余滋

宋代是中国蔬菜发展史的重要转型期。在此之前，蔬菜种植一直是粮食生产领域的副业，并不占据重要地位。而到了宋朝，伴随城市化的突飞猛进以及商业化的迅速发展，蔬菜已经获得了与主食并驾齐驱的重要地位。

宋代蔬菜品类，目前已知的，已有数十种之多。宋代吴自牧《梦粱录》载："谚云：'东菜西水，南柴北米。'杭之日用是也。苔心矮菜、矮黄、大白头、小白头、夏菘。黄芽、芥菜、生菜、菠薐菜、莴苣、苦荬、葱、薤、韭、大蒜、小蒜、紫茄、水茄、梢瓜、黄瓜、葫芦冬瓜、瓠子、芋、山药、牛蒡、茭白、蕨菜、萝卜、甘露子、水芹、芦笋、鸡头菜、藕条菜、姜、姜芽、新姜、老姜。菌多生山谷，名黄耳蕈，东坡诗云：'老楮忽生黄耳蕈，故人兼致白芽姜。'盖大者净白，名玉蕈，黄者名茅蕈，赤者名竹菇，若食须姜煮。"宋代蔬菜种类的繁多，由此可见其一斑。

水龙吟·小沟东接长江

苏轼

小沟东接长江，柳堤苇岸连云际。烟村潇洒，人闲一哄，渔樵早市。永昼端居，寸阴虚度，了成何事。但丝莼[①]玉藕[②]，珠秔[③]锦鲤，相留恋，又经岁。

因念浮丘④旧侣，惯瑶池、羽觞沉醉⑤。青鸾⑥歌舞，铢衣⑦摇曳，壶中天地⑧。飘堕人间，步虚声⑨断，露寒风细。抱素琴，独向银蟾⑩影里，此怀难寄。

【注释】

①丝莼：莼，莼菜。《本草》："莼生水中，叶似凫葵，春夏细长肥滑。三月至八月为丝莼，九月至十一月为猪莼，又曰龟莼。又有石莼，丝繁者。"北魏贾思勰《齐民要术》："食脍鱼莼羹：芼羹之菜，莼为第一。四月，莼生茎而未叶，名作'雉尾莼'，第一肥美。叶舒长足，名曰'丝莼'，五月六月用。丝莼：入七月尽，九月十月内，不中食；莼有蜗虫着故也。虫甚微细，与莼一体，不可识别，食之损人。十月，水冻虫死，莼还可食。从十月尽至三月，皆食'瑰莼'。瑰莼者，根上头，丝莼下芟也。丝莼既死，上有根芟；形似珊瑚。一寸许，肥滑处，任用；深取即苦涩。凡丝莼，陂池种者，色黄肥好，直净洗则用。野取，色青，须别铛中热汤暂煠之，然后用；不煠则苦涩。丝莼瑰莼，悉长用，不切。鱼莼等并冷水下。"

②玉藕：藕，莲藕。《尔雅》："荷，芙渠。其茎茄，其叶蕸，其本蔤，其华菡萏，其实莲，其根藕，其中的，的中薏。"晋代王嘉《拾遗记》："（西王母）又进洞渊红花，嵰州甜雪，昆流素莲，阴岐黑枣，万岁冰桃，千常碧藕，青花白橘。素莲者，一房百子，凌冬而茂。黑枣者，其树百寻，实长二尺，核细而柔，百年一熟。"

③珠秔（jīng）：秔，亦作粳、稉，稻米名。《本草》："秔米

主益气，止烦泄。稻米主温中，令人多热。”

④浮丘：浮丘公，古代仙人名。《列仙传》：“王子乔者，周灵王太子晋也。好吹笙，作凤凰鸣。游伊洛之间，道士浮丘公接以上嵩高山。”

⑤惯瑶池、羽觞沉醉：瑶池，传说中的仙池，为西王母所居。羽觞，酒器名，形似雀鸟。《列子》：“（周穆王）别日升于昆仑之丘，以观黄帝之宫，而封之以诒后世。遂宾于西王母，觞于瑶池之上。西王母为王谣，王和之，其辞哀焉。”

⑥青鸾：传说中的神鸟。王嘉《拾遗记》：“（蓬莱山）有浮筠之簳，叶青茎紫，子大如珠，有青鸾集其上。”此处指歌姬舞女。

⑦铢衣：传说中的仙衣。《长阿含经》：“忉利天衣重六铢。炎摩天衣重三铢。兜率陀天衣重一铢半。化乐天衣重一铢。他化自在天衣重半铢。”

⑧壶中天地：传说中的仙境。南朝宋范晔《后汉书》：“费长房者，汝南人也。曾为市掾。市中有老翁卖药，悬一壶于肆头，及市罢，辄跳入壶中。市人莫之见，唯长房于楼上睹之，异焉，因往再拜奉酒脯。翁知长房之意其神也，谓之曰：‘子明日可更来。’长房旦日复诣翁，翁乃与俱入壶中。唯见玉堂严丽，旨酒甘肴盈衍其中，共饮毕而出。翁约不听与人言之。后乃就楼上候长房曰：‘我神仙之人，以过见责，今事毕当去，子宁能相随乎？楼下有少酒，与卿为别。’长房使人取之，不能胜，又令十

人扛之，犹不举。翁闻，笑而下楼，以一指提之而上。视器如一升许，而二人饮之终日不尽。”

⑨步虚声：道士诵经声。南朝宋刘敬叔《异苑》:“陈思王（曹植）游山，忽闻空里诵经声，清远遒亮。解音者则而写之，为神仙声。道士效之，作步虚声也。”

⑩银蟾：代指月亮。汉代淮南王刘安《淮南子》：“日中有踆乌，而月中有蟾蜍。”

菱花怨

贺铸

叠鼓[①]嘲喧，彩旗挥霍，苹汀薄晚，兰舟催解。别浦潮平，小山云断，十幅饱帆风快。回想牵衣，愁掩啼妆，一襟香在。纨扇惊秋[②]，菱花[③]怨晚，谁共蛾黛。

何处玉尊空，对松陵[④]正美，鲈鱼菰菜[⑤]。露洗凉蟾，潦吞平野，三万顷非尘界。览胜情无奈。恨难招、越人同载[⑥]。会凭紫燕西飞[⑦]，更约黄鹂相待。

【解题】

贺铸（1052—1125），字方回，号庆湖遗老，卫州（今河南卫辉）人，北宋词人，因所作《青玉案》有“梅子黄时雨”之句，人称“贺梅子”，著有《庆湖遗老集》等。

【注释】

①叠鼓：南齐谢朓《鼓吹曲》：“凝笳翼高盖，叠鼓送华辀。”

李善注："徐引声谓之凝，小击鼓谓之叠。"

②纨扇惊秋：汉代班婕妤《怨歌行》："新裂齐纨素，鲜洁如霜雪。裁为合欢扇，团团似明月。出入君怀袖，动摇微风发。常恐秋节至，凉飙夺炎热。弃捐箧笥中，恩情中道绝。"

③菱花：指菱花镜。

④松陵：吴江（今江苏吴江）的别称。

⑤鲈鱼菰菜：菰菜，又名茭白。《世说新语》："张季鹰（翰）辟齐王东曹掾，在洛，见秋风起，因思吴中菰菜羹、鲈鱼脍，曰：'人生贵得适意尔，何能羁宦数千里以要名爵！'遂命驾便归。俄而齐王败，时人皆谓为见机。"

⑥恨难招、越人同载：化用《越人歌》的典故。《说苑》："君独不闻夫鄂君子皙之泛舟于新波之中也？乘青翰之舟，极芮芘，张翠盖，而擒犀尾，班丽袿衽，会钟鼓之音毕，榜枻越人拥楫而歌，歌辞曰：'滥兮抃草滥予昌核泽予昌州州锟州焉乎秦胥胥缦予乎昭澶秦踰渗惿随河湖。'鄂君子皙曰：'吾不知越歌，子试为我楚说之。'于是乃召越译，乃楚说之曰：'今夕何夕兮，搴舟中流，今日何日兮，得与王子同舟，蒙羞被好兮，不訾诟耻，心几顽而不绝兮，得知王子，山有木兮木有枝，心说君兮君不知。'于是鄂君子皙乃揄修袂行而拥之，举绣被而覆之。"

⑦会凭紫燕西飞：唐代顾况《短歌行》："紫燕西飞欲寄书，白云何处蓬莱客。"

洞庭春色

陆游

壮岁文章，暮年勋业，自昔误人。算英雄成败，轩裳[①]得失，难如人意，空丧天真。请看邯郸当日梦，待炊罢黄粱徐欠伸[②]。方知道，许多时富贵，何处关身。

人间定无可意，怎换得、玉鲙丝莼。且钓竿渔艇，笔床茶灶[③]，闲听荷雨，一洗衣尘。洛水秦关千古后，尚棘暗铜驼[④]空怆神。何须更，慕封侯定远[⑤]，图像麒麟[⑥]。

【注释】

①轩裳：此处指代官爵。《汉书》："于兹乎鸿生巨儒，俄轩冕，杂衣裳，修唐典，匡《雅》《颂》，揖让于前。"

②请看邯郸当日梦，待炊罢黄粱徐欠伸：化用黄粱一梦的典故。南朝宋刘义庆《幽明录》："焦湖庙祝有柏枕，三十余年，枕后一小坼孔。县民汤林行贾，经庙祝福。祝曰：'君婚姻否？可就枕坼边。'令汤林入坼内，见朱门，琼宫瑶台胜于世。见赵太尉，为林婚。育子六人，四男二女。选秘书郎，俄迁黄门郎。林在枕中，永无思归之怀，遂遭违忤之事。祝令林出外间，遂见向枕。谓枕内历年载，而实俄顷之间矣。"唐代沈既济据此作《枕中记》。

③笔床茶灶：唐代陆龟蒙《甫里先生传》："或寒暑得中，体佳无事时，则乘小舟，设蓬席，赍一束书、茶灶、笔床、钓具、

棹船郎而已。所诣小不会意，径还不留，虽水禽决起山鹿骇走之不若也。”

④棘暗铜驼:《晋书》:“(索)靖有先识远量，知天下将乱，指洛阳宫门铜驼，叹曰:‘会见汝在荆棘中耳!’”

⑤封侯定远：化用汉代班超封定远侯的典故。《后汉书》:“班超字仲升，扶风平陵人，徐令彪之少子也。为人有大志，不修细节。然内孝谨，居家常执勤苦，不耻劳辱。有口辩，而涉猎书传。永平五年，兄固被召诣校书郎，超与母随至洛阳。家贫，常为官佣书以供养。久劳苦，尝辍业投笔叹曰:‘大丈夫无他志略，犹当效傅介子、张骞立功异域，以取封侯，安能久事笔研闲乎?’”

⑥图像麒麟：麒麟阁，汉代宫殿名。《汉书》:“甘露三年，单于始入朝。上思股肱之美，乃图画其人于麒麟阁，法其形貌，署其官爵姓名。唯霍光不名，曰大司马大将军博陆侯姓霍氏，次曰卫将军富平侯张安世，次曰车骑将军龙额侯韩增，次曰后将军营平侯赵充国，次曰丞相高平侯魏相，次曰丞相博阳侯丙吉，次曰御史大夫建平侯杜延年，次曰宗正阳城侯刘德，次曰少府梁丘贺，次曰太子太傅萧望之，次曰典属国苏武。皆有功德，知名当世，是以表而扬之，明着中兴辅佐，列于方叔、召虎、仲山甫焉。凡十一人，皆有传。”

满江红·千古东流

范成大

清江风帆甚快，作此，与客剧饮歌之。

千古东流，声卷地、云涛如屋。横浩渺、樯竿十丈，不胜帆腹。夜雨翻江春浦涨，船头鼓急风初熟。似当年、呼禹乱黄川[①]，飞梭速。

击楫誓[②]，空警俗。休拊髀，都生肉[③]。任炎天冰海，一杯相属。荻笋蒌芽[④]新入馔，鹍弦凤吹[⑤]能翻曲。笑人间、何处似尊前，添银烛。

【解题】

清江，江西赣江与袁江的合流处。剧饮，痛饮。

【注释】

①呼禹乱黄川：黄川，指黄河。此处化用大禹治水的典故。《尚书·禹贡》："导河积石，至于龙门，南至于华阴，东至于底柱，又东至于孟津，东过洛汭，至于大伾，北过降水，至于大陆，又北，播为九河，同为逆河，入于海。"

②击楫誓：《晋书》："（祖逖）仍将本流徙部曲百余家渡江，中流击楫而誓曰：'祖逖不能清中原而复济者，有如大江！'辞色壮烈，众皆慨叹。"

③休拊髀，都生肉：晋代司马彪《九州春秋》："（刘）备住荆州数年，尝于（刘）表坐起至厕，见髀里肉生，慨然流涕。还

坐，表怪问备，备曰：‘吾常身不离鞍，髀肉皆消。今不复骑，髀里肉生。日月若驰，老将至矣，而功业不建，是以悲耳。’”

④荻笋蒌芽：荻笋，荻的嫩叶。蒌芽，蒌蒿的新芽。宋代张耒《明道杂志》：“河豚鱼，水族之奇味也。而世传以为有毒，能杀人，中毒则觉胀，亟取不洁食乃可解，不尔必死。余时守丹阳及宣城，见土人户食之。其烹煮亦无法，但用蒌蒿、荻笋、菘菜三物，云最相宜。”

⑤鹍弦凤吹：鹍弦，指琵琶。唐代段安节《乐府杂录》：“琵琶始自乌孙公主造，马上弹之，有直项者、曲项者，曲项盖使于急关也。古曲有《陌上桑》，范晔、石崇、谢奕皆善此乐也。开元中，有贺怀智，其乐器以石为槽，鹍鸡筋作弦，用铁拨弹之。”凤吹，指笙。《列仙传》：“王子乔者，周灵王太子晋也。好吹笙，作凤凰鸣。游伊洛之间，道士浮丘公接以上嵩高山。”

乡野菜单

浣溪沙·簌簌衣巾落枣花

苏轼

簌簌衣巾落枣花。村南村北响缫车[①]。牛衣[②]古柳卖黄瓜。

酒困路长惟欲睡，日高人渴漫思茶。敲门试问野人[③]家。

【注释】

①缫车：缫丝工具，因有转轮收丝而得名。

②牛衣：《汉书》：“初，（王）章为诸生学长安，独与妻居。章疾病，无被，卧牛衣中，与妻决，涕泣。”颜师古注：“牛衣，编乱麻为之，即今俗呼为龙具者。”

③野人：乡野之人。

别素质·请浙江僧嗣宗住庵

王质

一个茅庵，三间七架[①]。两畔更添两厦[②]。倒坐双亭平分，扶阑两下。门前数十丘罹稏。塍[③]外更百十株桑柘[④]。一溪活水长流，余波及、蔬畦菜把。

便是招提与兰若[5]。时钞疏乡园，看经村社。随分斗米相酬，镮钱[6]相谢。便阙少亦堪借借。常收些、笋干蕨鲊[7]。好年岁，更无兵无火，快活杀也。

【解题】

王质（1135—1189），字景文，号雪山，郓州（今山东郓城）人，南宋官员，著有《雪山集》。

庵，小寺庙。住庵，住持，主持寺庙日常的职称。

【注释】

①架：房屋的间架。两梁和两柱之间的距离，即为一架。

②厦（shà）：指高大的房屋或房屋的走廊。

③塍（chéng）：田畦，田间的土埂。

④桑柘（zhè）：桑树与柘树。

⑤招提与兰若（rě）：招提，梵语“四方”的意思，指寺院。兰若，梵语“阿兰若”的简称，原指林中寂静处，后指佛寺。

⑥镮（huán）钱：中间带孔的铜钱，表示价值很小的钱。

⑦蕨鲊（zhǎ）：蕨菜和腌鱼。

生查子·咏芹

高观国

野泉春吐芽，泥湿随飞燕[1]。碧涧一杯羹[2]，夜韭无人剪[3]。

玉钗和露香，鹅管随春软[4]。野意重殷勤，持以君王献[5]。

【解题】

高观国，生卒年不详，字宾王，号竹屋，山阴（今浙江绍兴）人，南宋词人，著有《竹屋痴语》。

芹，宋代林洪《山家清供》："芹，楚葵也，又名水英，有二种：荻芹取根，赤芹取叶与茎，俱可食。二月三月作英时，采之入汤，取出，以苦酒研芥子入盐与茴香渍之，可作菹。惟瀹而羹之者，既清而馨，犹碧涧然，故杜甫有'香芹碧涧羹'之句，或者芹微草也，杜甫何取而咏之不暇？不思野人持此犹欲以献于君者也。"

【注释】

①泥湿随飞燕：化用杜甫《徐步》"芹泥随燕觜"的诗句。

②碧涧一杯羹：化用杜甫《陪郑广文游何将军山林》"香芹碧涧羹"的诗句。

③夜韭无人剪：化用杜甫《赠卫八处士》"夜雨剪春韭"的诗句。

④玉钗和露香，鹅管随春软：玉钗、鹅管，喻指芹菜的叶和茎。

⑤野意重殷勤，持以君王献：《列子》："昔者宋国有田夫，常衣缊黂，仅以过冬。暨春东作，自曝于日，不知天下之有广厦隩室，绵纩狐貉。顾谓其妻曰：'负日之暄，人莫知者；以献吾君，将有重赏。'里之富室告之曰：'昔人有美戎菽，甘枲茎芹萍子者，对乡豪称之。乡豪取而尝之，蜇于口，惨于腹，众哂而怨之，其人大惭。子，此类也。'"原指礼物微不足道，后指礼

物虽微，但情真意切。杜甫《赤甲》："炙背可以献天子，美芹由来知野人。"

沁园春·和林教授

方岳

子盍观夫，商丘之木，有樗不才[①]。纵斧斤睥睨[②]，何妨雪立，风烟傲兀，怎问春回。老子似之，倦游久矣，归晒渔蓑羹芋魁[③]。村钼外，闻韭今有子，芥已生台[④]。

天于我辈悠哉。纵作赋问天天亦猜。且醉无何有，酒徒陶陆[⑤]，与二三子，诗友陈雷[⑥]。正尔眠云，阿谁敲月，不是我曹不肯来。君且住，怕口生荆棘，胸有尘埃。

【解题】

方岳（1199—1262），字巨山，号秋崖，祁门（今安徽祁门）人。南宋官员，著有《秋崖先生小稿》。

林教授，徽州府教授，具体生平不详。一说，指林略（？—1243），字孔英，永嘉（今浙江永嘉）人，南宋官员，曾任饶州大宁监教授。

【注释】

①商丘之木，有樗不才：《庄子》："南伯子綦游乎商之丘，见大木焉，有异，结驷千乘，隐将芘其所藾。子綦曰：'此何木也哉？此必有异材夫！'仰而视其细枝，则拳曲而不可以为栋梁；俯而见其大根，则轴解而不可以为棺椁；咶其叶，则口烂而为伤；

嗅之，则使人狂酲三日而不已。子綦曰：‘此果不材之木也，以至于此其大也。嗟乎神人，以此不材！’”

②斧斤睥睨：《庄子》：“匠石之齐，至于曲辕，见栎社树。其大蔽数千牛，絜之百围；其高临山，十仞而后有枝；其可以为舟者，旁十数。观者如市，匠伯不顾，遂行不辍。弟子厌观之，走及匠石，曰：‘自吾执斧斤以随夫子，未尝见材如此其美也。先生不肯视，行不辍，何邪？’曰：‘已矣，勿言之矣！散木也，以为舟则沉，以为棺椁则速腐，以为器则速毁，以为门户则液樠，以为柱则蠹，是不材之木也。无所可用，故能若是之寿。’”

③羹芋魁：芋魁，芋头。《汉书》：“王莽时常枯旱，郡中追怨（翟）方进，童谣曰：‘坏陂谁？翟子威。饭我豆食羹芋魁。反乎覆，陂当复。谁云者？两黄鹄。’”

④芥已生台：芥菜的嫩芽。《本草》：“芥多种，有青芥、黄芥、紫芥、白芥。白芥似菘而有毛，味辣，好作菹，甚快且辣。”

⑤酒徒陶陆：指陶渊明和陆修静。《莲社高贤传》：“陆修静，吴兴人。早为道士，置馆庐山。时远法师居东林，其处流泉匝寺，下入于溪。每送客至此，辄有虎号鸣，因名虎溪。后送客未尝过，独陶渊明与修静至，语道契合，不觉过溪，因相与大笑，世传为《三笑图》。”

⑥诗友陈雷：指陈重和雷义。《后汉书》：“（雷）义归，举茂才，让于陈重，刺史不听，义遂阳狂被发走，不应命。乡里为之语曰：‘胶漆自谓坚，不如雷与陈。’三府同时俱辟二人。”

良辰馔要

减字木兰花

向子諲

去年端午。共结彩丝长命缕[①]。今日重阳。同泛黄花九酝觞[②]。

经时离缺。不为莱菔髭似雪[③]。一笑逢迎。休觅空青眼自明[④]。

【解题】

向子諲（1085—1152），字伯恭，号芗林居士，临江（今江西清江）人，宋代官员，著有《酒边集》。

【注释】

①长命缕：汉代应劭《风俗通》："五月五日，以五彩丝系臂，名长命缕，一名续命缕，一名辟兵缯，一名五色缕，一名朱索，辟兵及鬼，命人不病温。又曰，亦因屈原。"

②九酝觞：美酒名。曹操《奏上九酝酒法》："臣县故令南阳郭芝，有九酝春酒。法用面三十斤，流水五石，腊月二日清曲，正月冻解，用好稻米，漉去曲滓，便酿法饮。曰譬诸虫，虽久

多完，三日一酿，满九斛米止。臣得法酿之，常善；其上清滓亦可饮。若以九酝苦难饮，增为十酿，差甘易饮，不病。”

③不为莱菔髭似雪：莱菔，萝卜。《本草》：“莱菔，今天下通有之。大抵生沙壤者脆而甘，生瘠地者坚而辣。根叶皆可生、可熟、可菹、可酱、可豉、可醋、可糖、可腊、可饭，乃蔬中之最有利益者。”髭似雪，《本草》：“地黄与萝菔同食，能白人发。”

④休觅空青眼自明：空青，矿物名，可入药。《神农本草经》：“空青，味甘寒。主治青盲、耳聋。明目，利九窍，通血脉，养精神。久服轻身延年不老。能化铜铁铅锡作金。生山谷。”

感皇恩·伯礼立春日生日

陆游

春色到人间，彩幡初戴[①]。正好春盘细生菜[②]。一般日月，只有仙家偏耐。雪霜从点鬓，朱颜在。

温诏鼎来[③]，延英[④]催对。凤阁鸾台[⑤]看除拜。对衣裁稳，恰称球纹新带[⑥]。个时方旋了、功名债。

【注释】

①彩幡初戴：《提要录》：“春日，刻青缯为小幡样，重累十余，相连缀而簪之，亦汉之遗事也。”

②春盘细生菜：《唐四时宝镜》：“立春日，食芦菔、春饼、生菜，号春盘。”《摭遗》：“东晋李鄂，立春日，命芦菔、芹芽为菜盘馈贶，江淮人多效之。”杜甫《立春》：“春日春盘细生菜，

忽忆两京全盛时。”

③鼎来：方来。《汉书》：“（匡衡）尤精力过绝人。诸儒为之语曰：‘无说诗，匡鼎来；匡说诗，解人颐。’”服虔注：“鼎犹言当也，若言匡且来也。”应劭注：“鼎，方也。”

④延英：宫殿名。宋代钱易《南部新书》：“上元中，长安东内始置延英殿。每侍臣赐对，则左右悉去，故直言谠议，尽得上达。”

⑤凤阁鸾台：《旧唐书》：“光宅元年九月，改……门下省为鸾台，中书省为凤阁。”

⑥球纹新带：宋代欧阳修《归田录》：“国朝之制，自学士已上赐金带者例不佩鱼。若奉使契丹及馆伴北使则佩，事已复去之。惟两府之臣则赐佩，谓之‘重金’。初，太宗尝曰：‘玉不离石，犀不离角，可贵者惟金也。’乃创为金銙之制以赐群臣，方团球路以赐两府，御仙花以赐学士以上。”

杏花天·咏汤

吴文英

蛮姜豆蔻[①]相思味。算却在、春风舌底。江清[②]爱与消残醉。憔悴文园病起[③]。

停嘶骑、歌眉送意。记晓色、东城梦里。紫檀晕[④]浅香波细。肠断垂杨小市。

【解题】

汤，指醒酒汤。宋代礼节，客至设茶，客去设汤。

【注释】

①蛮姜豆蔻：蛮姜，即高良姜。清代李调元《南越笔记》：“高良姜出于高凉，故名。其根为姜，其子为红豆蔻，子入馔，未折开者曰含胎，以盐腌入甜糟中，终冬如琥珀，味香辛可脍。其根不堪食，而药中多用之，人不以其子而掩其根，所重在根，故不曰红豆蔻，而曰高良姜也。蔻者何？扬雄《方言》云：‘凡物盛多谓之蔻。’是子形如红豆而丛生，故曰红豆蔻。”豆蔻，此处指蛮姜的种子。

②江清：此处形容汤色清澈澄净。

③悴憔文园病起：文园，指司马相如。《史记》载：“相如拜为孝文园令。”司马相如患有消渴疾。《史记》：“相如口吃而善著书。常有消渴疾。”

④紫檀晕：指女性的眉妆或唇妆。宋代陶谷《清异录》：“僖、昭时，都下娼家竞事妆唇，妇女以此分妍否。其点注之工，名字差繁。其略有胭脂晕品：石榴娇、大红春、小红春、嫩吴香、半边娇、万金红、圣檀心、露珠儿、内家圆、天宫巧、洛儿殷、淡红心、腥腥晕、小朱龙、格双、唐媚花、奴样子。”明代杨慎《丹铅总录》：“东坡梅诗：‘鲛绡剪碎玉簪轻，檀晕妆成雪月明。肯伴老人春一醉，悬知欲落更多情。’王十朋集诸家注，皆不解‘檀晕’之义，今为著之。宇文氏《妆台记》谓妇女画眉有倒晕妆，

古乐府有‘晕眉拢鬓’之句。元微之《与白乐天书》:‘近昵妇人晕澹眉目，绾约头鬓。’《画谱》有正晕牡丹、倒晕牡丹。《太平广记·许老翁传》有银泥裙、五晕罗。画工七十二色有檀色，与张萱所画妇女晕眉，所谓紫沙幂酷似，可以互证也。坡诗又云:‘剩看新翻眉倒晕。’又云:‘倒晕连眉秀岭浮。’檀痕，犹汉世妇女之玄的也。”

汉宫春·壬午开炉日戏作

刘辰翁

雨入轻寒，但新篘[①]未试，荒了东篱[②]。朝来暗惊翠袖，重倚屏帏。明窗丽阁，为何人、冷落多时。催重顿，妆台侧畔，画堂未怕春迟。

漫省茸香粉晕[③]，记去年醉里，题字倾攲[④]。红炉未深乍暖，儿女成围。茶香疏处，画残灰、自说心期。容膝[⑤]好，团栾分芋[⑥]，前村夜雪初归。

【解题】

壬午，指元朝至元十九年（1282）。此处使用干支纪年，不用元朝年号。开炉日，指宋元时期的开炉节。《东京梦华录》:“十月一日，宰臣已下受衣着锦袄，三日，今五日。士庶皆出城飨坟。禁中车马出道者院及西京朝陵。宗室车马，亦如寒食节。有司进暖炉炭。民间皆置酒作暖炉会也。”《梦粱录》:“十月孟冬，正小春之时，盖因天气融和，百花间有开一二朵者，似乎初春之意思，故曰‘小春’。月中雨谓之‘液雨’，百虫饮此水而藏蛰。至来春惊蛰，雷始发声之时，百虫方出蛰。朔日，朝廷赐宰执以下锦，名曰‘授衣’。其赐锦花色依品从给赐。百官入朝起居，衣锦袄。三日，士庶以十月节出郊扫松，祭祀坟茔。内庭车马差宗室南班往攒官行朝陵礼。有司进暖炉炭。太庙享新，以告冬朔。诸大刹寺院设开炉斋供。贵家新装暖阁，低垂绣幙，老稺团栾，浅斟低唱，以应开炉之序。”

【注释】

①篘（chōu）：竹制的滤酒器。

②东篱：晋代陶渊明《饮酒》：“采菊东篱下，悠然见南山。”

③漫省茸香粉晕：漫，随意，任由。省，回忆，省思。茸香粉晕，代指美女。

④攲（qī）：倾斜。

⑤容膝：形容居室狭小。陶渊明《归去来兮辞》：“引壶觞以自酌，眄庭柯以怡颜。倚南窗以寄傲，审容膝之易安。”

⑥团栾分芋：团栾，形容团聚热闹的样子。分芋，化用懒残分芋的典故。唐代李繁《邺侯家传》：“李泌在衡岳，有僧明瓒，号懒残。泌察其非凡，中夜潜往谒之。懒残命坐，拨火中芋以啖之，曰：‘勿多言，领取十年宰相。’”

山家清供

朝中措·先生馋病老难医

朱敦儒

先生馋病老难医。赤米[1]餍晨炊。自种畦中白菜[2]，腌成瓮里黄齑[3]。

肥葱细点，香油慢熘[4]，汤饼[5]如丝。早晚一杯无害，神仙九转[6]休痴。

【注释】

①赤米：宋代程大昌《演繁露》："赤米今有之，俗称红霞米，田之高卬者，乃以种之，以其早熟且耐旱也。然则越时已有此米矣。《南史·任昉传》：'昉解新安太守去，惟载桃花米。'即赤米是也。"

②白菜：宋代林洪《山家清供》："菘有三种，惟白于玉者甚松脆，如色稍青者绝无味，因侈其白者曰松玉，亦欲世之有所决择也。"

③黄齑：腌菜，酱菜。

④熘（chǎo）：同"炒"。

⑤汤饼：汤饼，汤面。宋代黄朝英《靖康缃素杂记》："余谓凡以面为餐具者，皆谓之饼，故火烧而食者，呼为烧饼；水瀹而食者，呼为汤饼；笼蒸而食者，呼为蒸饼，而馒头谓之笼饼，宜矣。"

⑥神仙九转：道教炼丹有一至九转之别，以九转为最上。《抱朴子》："九转之丹，服之三日，得仙。若取九转之丹，内神鼎中，夏至之后，爆之鼎热，内朱儿一斤于盖下，伏伺之，候日精照之。须臾翕然俱起，煌煌辉辉，神光五色，即化为还丹。取而服之一刀圭，即白日升天。又九转之丹者，封涂之于土釜中，糠火，先文后武。其一转至九转，迟速各有日数多少，以此知之耳。其转数少，其药力不足，故服之用日多，得仙迟也；其转数多，药力盛，故服之用日少，而得仙速也。"

如梦令·寄蔡坚老

赵长卿

居士[1]年来病酒。肉食百不宜口。蒲合与波稜[2]，更着同蒿葱韭[3]。亲手，亲手，分送卧龙诗友[4]。

【解题】

赵长卿，生卒年不详，号仙源居士，南丰（今江西南丰）人，两宋之际词人，著有《惜香乐府》。

蔡坚老，即蔡枬（？—1170），字坚老，号云壑道人，南城（今江西南城）人，宋代官员，著有《浩然集》。

宋·刘永年 《花阴玉兔图卷》

宋·刘永年《花阴玉兔图卷》

宋·刘永年《花阴玉兔图卷》

【注释】

①居士：作者号仙源居士，此处是作者自称。

②蒲合与波薐（léng）：蒲，蒲菜。《诗经·大雅·韩奕》："其蔌维何？维笋及蒲。"晋代陆机《毛诗草木鸟兽虫鱼疏》："笋，竹萌也，皆四月生。唯巴竹笋，八月、九月生。始出地，长数寸，鬻以苦酒豉汁浸之，可以就酒及食。蒲始生，取其中心入地蒻，大如匕柄，正白，生噉之，甘脆。鬻而以苦酒浸之，如食笋法，大美。"波薐，又作"菠棱"，波薐菜，即菠菜，又名波斯草。《唐书》："泥婆罗献波棱菜，叶类红蓝，实如蒺藜，火熟之，能益食味。"唐代韦绚《刘宾客嘉话录》："菜之菠棱者，本西国中有僧自彼将其子来，如苜蓿、蒲陶，因张骞而至也。绚曰：'岂非颇棱国将来，而语讹为菠棱耶？'"

③同蒿葱韭：同蒿，又作"茼蒿"，茼蒿菜，又名蓬蒿。元代王祯《农书》："同蒿者，叶绿而细，茎稍白，味甘脆。春二月种，可为常食。秋社前十日种，可为秋菜。如欲出种，春菜食不尽者，可为子。俱是畦种。其叶又可汤泡，以配茶茗，实菜中之有异味者。"葱，《本草》："葱凡四种，入药用山葱、胡葱，食只用冻葱、汉葱。"韭，《本草》："韭是草钟乳。"

④卧龙诗友：化用诸葛亮的典故。《三国志》："徐庶见先主，先主器之，谓先主曰：'诸葛孔明者，卧龙也，将军岂愿见之乎？'"此处指蔡坚老。

喜迁莺·香风亭上

黄机

平湖百亩。种满湖莲叶，绕堤杨柳。冉冉波光，辉辉烟影，空翠湿沾襟袖。静惬邻鸡啼午，暖逼沙鸥眠昼。西园路，更红尘不断，蝶酣蜂瘦。

知否。堪画处，野荠[①]芜菁[②]，罥[③]地铺茵绣。桃李阴边，桑麻丛里，斜矗酒帘夸酒。竹寺小依山趾[④]，茅店平窥津口。春又晚，正香风有客，倚阑搔首。

【注释】

①荠：荠菜。明代李时珍《本草纲目》："荠有大、小数种。小荠叶花茎扁，味美。其最细小者，名沙荠也。大荠科、叶皆大，而味不及。其茎硬有毛者，名菥蓂，味不甚佳。并以冬至后生苗，二三月起茎五六寸。开细白花，整整如一。结荚如小萍，而有三角。荚内细子，如葶苈子。其子名蒫。四月收之。"

②芜菁：又名蔓菁、诸葛菜。韦绚《刘宾客嘉话录》："公曰：'诸葛亮所止，令兵士独种蔓菁者何？'绚曰：'莫不是取其才出甲者可生啖，一也；叶舒可煮食，二也；久居则随以滋长，三也；弃去不惜，四也；回则易寻而采之，五也；冬有根可劚食，六也；比诸蔬属，其利不亦博乎？'曰：'信矣。'三蜀之人，今呼蔓菁为诸葛菜，江陵亦然。"

③罥（juàn）：缠绕。

④山趾：山脚下。

浪淘沙·与前人

陈著

有约泛溪篷。游画图中。沙鸥引入翠重重。认取抱琴人[①]住处，水浅山浓。

一笑两衰翁。莫惜从容。瓮醅灰芋雪泥菘[②]。直到梅花飞过也，桃李春风。

【解题】

陈著（1214—1297），字子微，号本堂，鄞县（今浙江鄞州）人，南宋官员，著有《本堂集》。

【注释】

①抱琴人：指隐居高士。南朝梁沈约《宋书》："（陶）潜不解音声，而畜素琴一张，无弦，每有酒适，辄抚弄以寄其意。贵贱造之者，有酒辄设，潜若先醉，便语客：'我醉欲眠，卿可去。'其真率如此。"李白《山中与幽人独酌》："两人对酌山花开，一杯一杯复一杯。我醉欲眠卿且去，明朝有意抱琴来。"

②瓮醅（wèng pēi）灰芋雪泥菘：瓮醅，指酒。灰芋，指在火中烤熟的芋头。菘，即白菜。雪泥菘，似指塌地菘，又名乌菘、黑菘。范成大《田园杂兴》："拨雪挑来踏地菘，味如蜜藕更肥醲。朱门肉餐无风味，只作寻常菜把供。"

点绛唇：宋词中的珍果含荣

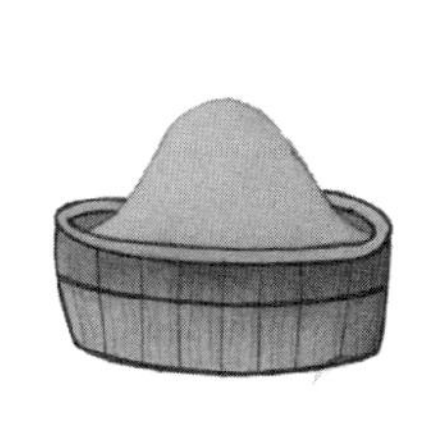

宋代的水果品种丰富，已经形成了覆盖全国的成熟且发达的水果交易网络。南宋吴自牧《梦粱录》对于当时的水果品类及其产地有详细记载："橘：富阳王洲者佳。橙：有脆绵木。梅：有消便糖透黄。桃：有金银、水蜜、红穰、细叶、红饼子。李：有透红、蜜明、紫色。杏：金麻。柿：方顶、牛心、红柿、椑柿、牛奶、水柿、火珠、步檐、面柿。梨：雪糜、玉消、陈公莲蓬梨、赏花、霄砂烂。枣：盐官者最佳。莲：湖中生者名绣莲，尤佳。瓜：青、白、黄等色，有名金皮、沙皮、蜜瓮、筭筒、银瓜。藕：西湖下湖、仁和护安村，旧名范堰，产扁眼者味佳。菱：初生嫩者名沙角，硬者名馄饨，湖中有如栗子样，古塘大红菱。林檎：邬氏园名花红，郭府园未熟时以纸翦花样贴上，熟如花木瓜，尝进奉，其味蜜甜。枇杷：无核者名椒子，东坡诗云：'绿暗初迎夏，红残不及春。魏花非老伴，卢橘是乡人。'木瓜：青色而小，土人翦片爆熟，入香药货之，或糖煎，名爊木瓜。樱桃：有数名称之，淡黄者甜。石榴子：颗大而白，名玉榴，红者次之。杨梅：亦有数种，紫者甜而颇佳。蒲萄：黄而莹白者名珠子，又名水晶，最甜。紫而玛瑙色者稍晚。鸡头，古名芡，名鸡壅。钱塘、梁诸、窈头、仁和、藕湖、临平湖俱产，独西湖生者佳，却产不多，可筛为粉。银杏。栗子。甘蔗：临平小林产，以土窖藏至春夏，味犹不变，小如芦者名荻蔗，亦甜。”

宋代的水果贸易市场习称“果子行”。苏颂《魏公谭训》载：“祖父尝言，在馆中时，雇得一婢，问其家何为？云：‘住曹门外，惟锤石莲。’问一家几人各何为？云：‘十口皆然，无他业。’初甚讶之。又云：‘非独某家，一巷数十家皆然。’盖夏末梁山泊诸道载莲子百十车，皆投此巷，锤取莲肉，货于果子行。乃知京师浩瀚，何所不有，非外方耳目所及也。”李焘《续资治通鉴长编》亦载：“（神宗熙宁五年）进呈内东门及诸殿吏人名数白上曰：‘从来诸司皆取赂于果子行人，今行人岁入市易务息钱，几至万缗，欲与此辈增禄。’”由此可以一窥当时水果贸易行业的火热场面。

南金无价喜新尝

浣溪沙·几共查梨到雪霜

苏轼

几共查梨[①]到雪霜，一经题品便生光[②]。木奴[③]何处避雌黄[④]。

北客有来初未识，南金无价喜新尝。含滋嚼句齿牙香。

【解题】

此词系咏橘之作。

【注释】

①查梨：查，果名，亦作楂、柤。宋代罗愿《尔雅翼》：“楂，似梨而色黄，其味酢涩。今人谓之榠楂，一曰蛮楂。后郑注《礼记》云‘楂是梨之不臧者’，以其似梨而酢涩，即是不臧。”“梨，果之适口者。剖裂以食，故古人言剖裂为剖梨。又曰‘楂梨曰攒之’，盖楂梨喜为蜂所螫，螫处辄不可食，故钻去之。”

②一经题品便生光：指屈原作《橘颂》之事。屈原《橘颂》云：“后皇嘉树，橘徕服兮。受命不迁，生南国兮。深固难徙，更壹志兮。绿叶素荣，纷其可喜兮。曾枝剡棘，圆果抟兮。青黄杂糅，文章烂兮。精色内白，类可任兮。纷缊宜修，姱而不丑兮。嗟

尔幼志，有以异兮。独立不迁，岂不可喜兮？深固难徙，廓其无求兮。苏世独立，横而不流兮。闭心自慎，不终失过兮。秉德无私，参天地兮。愿岁并谢，与长友兮。淑离不淫，梗其有理兮。年岁虽少，可师长兮。行比伯夷，置以为像兮。”

③木奴：柑橘的代称。晋代习凿齿《襄阳耆旧记》：“李衡字叔平，襄阳人。习竺以女英习配之。汉末为丹阳太守，衡每欲治家事，英习不听，后密遣客十人，往武陵龙阳泛洲上作宅，种甘橘千株。临死，敕儿曰：‘汝母每怒吾治家事，故穷如是。然吾州里有千头木奴，不责汝衣食，岁上匹绢，亦可足用耳。’”

④雌黄：晋代孙盛《晋阳秋》：“王衍能言，于意有不安者，辄更易之，时号‘口中雌黄’。”

蝶恋花

王寀

晕绿抽芽新叶斗。掩映娇红，脉脉群芳后。京兆画眉[1]樊素口[2]。风姿别是闺房秀。

新篆题诗霜实就。换得琼琚[3]，心事偏长久。应是春来初觉有。丹青传得厌厌瘦。

【解题】

王寀（1068—1119），字辅道，江州（今江西九江）人，北宋官员，著有《南陔集》。

此为咏木瓜词。《尔雅翼》：“楙，木瓜，实如小瓜而酢。《卫诗》

有《木瓜》之篇，毛氏以为卫人思齐威公之德，欲厚报之，而孔子谓吾于《木瓜》，见苞苴之礼行焉。盖以果实问遗人者，必苴裹之，则‘厥包橘柚’之属是也。陶隐居云：‘山阴兰亭尤多。’今处处有之，而宣城者佳。彼州种莳尤谨，遍满山谷。始实成，则镞纸作花傅其上，重雾之夜，露诸沙上，旦暴之日，则纸所不覆处皆红，文采如生，以充上贡。古以为苞苴，亦以此欤？鱼复县地多木瓜，大者如瓯。又其木可以为材，故取干之道，木瓜次之。今人取木瓜大枝作杖策之，云利筋膝；根叶煮汤淋足胫，可以已蹶。又截其木，干之作桶，以濯足。齐孝昭北伐库莫奚，至天池，以木瓜灰毒鱼。又别木瓜者云，木瓜与和圆子蔓木土伏子相似；其皮薄微赤黄，香甘酸不涩，穰中子尖，一面方者，为真木瓜。”

【注释】

①京兆画眉：《汉书》：“（张）敞为京兆，朝廷每有大议，引古今，处便宜，公卿皆服，天子数从之。然敞无威仪，时罢朝会，过走马章台街，使御吏驱，自以便面拊马。又为妇画眉，长安中传张京兆眉怃。”

②樊素口：唐代孟棨《本事诗》：“白尚书姬人樊素善歌，姬人小蛮善舞，尝为诗曰：‘樱桃樊素口，杨柳小蛮腰。’年既高迈，而小蛮方丰艳，因为《杨柳》之词以托意曰：‘一树春风万万枝，嫩于金色软于丝。永丰坊里东南角，尽日无人属阿谁？’及宣宗朝，国乐唱是词，上问：‘谁词？永丰在何处？’左右具以对之。

遂因东使，命取永丰柳两枝植于禁中。白感上知其名，且好尚风雅，又为诗一章，其末句云：‘定知此后天文里，柳宿光中添两枝。’”

③换得琼琚：《诗经 · 卫风 · 木瓜》：“投我以木瓜，报之以琼琚。”

瑞鹧鸪 · 双银杏

李清照

风韵雍容未甚都[①]。尊前甘橘可为奴。谁怜流落江湖上，玉骨冰肌未肯枯。

谁教并蒂连枝摘，醉后明皇倚太真[②]。居士擘开真有意[③]，要吟风味两家新。

【解题】

银杏，明代李时珍《本草纲目》：“原生江南，叶似鸭掌，因名鸭脚。宋初始入贡，改呼银杏，因其形似小杏而核色白也。今名白果。”

【注释】

①风韵雍容未甚都：《史记》：“（司马）相如至临邛，从车骑，雍容闲雅甚都。”

②醉后明皇倚太真：五代王仁裕《开元天宝遗事》：“明皇与贵妃幸华清宫。因宿酒初醒，凭妃子肩同看木芍药。上亲折一枝，与妃子同嗅其艳。”

③居士擘开真有意：南宋洪迈《容斋随笔》："世传东坡一绝句云：'莲子擘开须见薏，楸枰着尽更无棋。破衫却有重缝处，一饭何曾忘却匙。'"

水调歌头

葛长庚

杜宇[①]伤春去，蝴蝶喜风清。一犁梅雨，前村布谷[②]正催耕。天际银蟾[③]映水，谷口锦云横野，柳外乱蝉鸣。人在斜阳里，几点晚鸦声。

采杨梅[④]，摘卢橘[⑤]，饤朱樱[⑥]。奉陪诸友，今宵烂饮过三更。同入醉中天地，松竹森森翠幄，酣睡绿苔茵。起舞弄明月，天籁奏箫笙。

【解题】

葛长庚（1194—1229），字如晦，又名白玉蟾，号海琼子，闽清（今福建闽清）人，南宋道士，著有《上清集》《武夷集》等。

【注释】

①杜宇：晋代常璩《华阳国志》："后有王曰杜宇，教民务农，一号杜主。时朱提有梁氏女利游江源，宇悦之，纳以为妃。移治郫邑，或治瞿上。七国称王，杜宇称帝，号曰望帝，更名蒲卑。自以功德高诸王，乃以褒斜为前门，熊耳、灵关为后户，玉垒、峨眉为城郭，江、潜、绵、洛为池泽，以汶山为畜牧，南中为园苑。会有水灾，其相开明决玉垒山以除水害。帝遂委以政事，

法尧、舜禅授之义，遂禅位于开明，帝升西山隐焉。时适二月，子鹃鸟鸣，故蜀人悲子鹃鸟鸣也。巴亦化其教而力农务，迄今巴、蜀民农时先祀杜主君。”

②布谷：鸟名，在每年播种时鸣叫，声似“布谷布谷”，相传为催耕之鸟。

③银蟾：代指明月。

④杨梅:《异物志》:“杨梅，其子如弹丸，正赤。五月中熟时，似梅，其味甜酸。”《会稽志》:“会稽杨梅为天下之奇，颗大，核细，味甘，色紫。”

⑤卢橘：一般代指枇杷。宋代惠洪《冷斋夜话》：“东坡诗云：‘卢橘杨梅尚带酸。’张嘉甫问曰：‘卢橘何种果类？’曰：‘枇杷是也。’”

⑥朱樱：樱桃。《本草》：“实深红色者，谓之朱樱，正黄明者谓之蜡樱。”

凤池吟·庆梅津自畿漕除右司郎官

吴文英

万丈巍台，碧罘罳[①]外，衮衮野马游尘[②]。旧文书几阁，昏朝醉暮，覆雨翻云。忽变清明，紫垣[③]敕使下星辰。经年事静，公门如水[④]，帝甸[⑤]阳春。

长安父老相语[⑥]，几百年见此，独驾冰轮。又凤鸣[⑦]黄幕，玉霄平溯，鹊锦[⑧]新恩。画省中书[⑨]，半红梅子荐盐新[⑩]。归来晚，待赓吟、殿阁南熏。

【解题】

梅津，指宋代尹焕，生卒年不详，字惟晓，号梅津，著有《梅津集》。畿漕，南宋时地处京畿的两浙转运司。右司郎官，尚书省右司郎中或员外郎的简称。

【注释】

①罘罳（fú sī）：古代设在门外或城角上用来守望和防御的网状建筑。《汉书》："未央宫东阙罘罳灾。"颜师古注："罘罳，谓连阙曲阁也，以覆重刻垣墉之处，其形罘罳然，一曰屏也。"

②野马游尘：《庄子》："野马也，尘埃也。生物之以息相吹也。"郭象注："野马者，游气也。"

③紫垣：紫微垣的简称，星座名，代指皇帝宫禁。

④公门如水：形容为政清正廉洁。《汉书》："上责（郑）崇曰：'君门如市人，何以欲禁切主上？'崇对曰：'臣门如市，臣心如水。愿得考覆。'"

⑤甸：甸服的简称。《尚书·禹贡》："锡土姓，祇台德先，不距朕行。五百里甸服：百里赋纳总，二百里纳铚，三百里纳秸服，四百里粟，五百里米。"

⑥长安父老相语：《汉书》："魏帝留止阌乡，遣太祖讨之。长安父老见太祖至，悲且喜曰：'不意今日复得见公！'"

⑦凤鸣：形容人才能够施展抱负。《诗经·大雅·卷阿》："凤凰鸣矣，于彼高冈。梧桐生矣，于彼朝阳。"

⑧鹊锦：宋代四品、五品官服的佩绶。《宋史》："两梁冠：犀角簪导，铜剑、佩，练鹊锦绶，铜环，余同三梁冠。四品、五品侍祠朝会则服之。"

⑨画省中书：画省，尚书省别称。中书，宰相总办公处。

⑩半红梅子荐盐新：红梅，或作黄梅。晋代周处《风土记》："夏至前雨，名黄梅，沾衣裳皆败黦。又《埤雅》载云：'今江湘二浙，四五月间，梅欲黄落，则水润土溽，柱础皆汗，蒸郁成雨，谓之梅雨。故自江以南，三月雨谓之迎梅，五月雨谓之送梅。'"《尚书》："高宗命傅说曰：'若作和羹，尔惟盐梅。'"孔氏传："盐咸梅醋，羹须咸醋以和之。"喻指治理国家的才能。

浪淘沙·有得越中故人赠杨梅者，为赋赠

吴文英

绿树越溪湾。过雨云殷。西陵[1]人去暮潮还。铅泪[2]结成红粟颗，封寄长安[3]。

别味带生酸。愁忆眉山[4]。小楼灯外楝花[5]寒。衫袖醉痕花唾在，犹染微丹。

【解题】

越中，今浙江中部。

【注释】

①西陵：化用苏小小的典故。梁武帝《小小歌》："妾乘油壁车，郎骑青骢马。何处结同心，西陵松柏下。"

②铅泪：唐代李贺《金铜仙人辞汉歌》："魏官牵车指千里，东关酸风射眸子。空将汉月出宫门，忆君清泪如铅水。"

③封寄长安：化用红绡聚泪的典故。宋代张君房《丽情集》："灼灼，锦城官妓也，善舞柘枝，能歌水调。相府筵中，与河东人坐，神通目授，如故相识。自此不复面矣，灼灼以软绡多聚红泪，密寄河东人。"

④眉山：美女的眉毛，代指美女。

⑤楝花：楝花风，二十四番花信风之一。宋代孙宗鉴《东皋杂录》："江南自初春至初夏，五日一番风候，谓之花信风。梅花风最先，楝花风最后，凡二十四番，以为寒绝也。后唐人诗云：'楝花开后风光好，梅子黄时雨意浓。'徐师川诗云：'一百五日寒食雨，二十四番花信风。'又古诗云：'早禾秧雨初晴后，苦楝花风吹日长。'"

闽岭何妨传雅咏

浪淘沙·五岭麦秋残

欧阳修

五岭[1]麦秋[2]残。荔子[3]初丹。绛纱囊里水晶丸。可惜天教生处远，不近长安。

往事忆开元。妃子偏怜[4]。一从魂散马嵬关[5]。只有红尘无驿使，满眼骊山[6]。

【解题】

欧阳修（1007—1072），字永叔，号醉翁，晚号六一居士，北宋著名政治家、文学家、史学家，与韩愈、柳宗元、王安石、苏洵、苏轼、苏辙、曾巩并称“唐宋八大家”，著有《欧阳文忠公集》等。

宋代王灼《碧鸡漫志》:“《荔枝香》,《唐史·礼乐志》云:‘帝幸骊山，杨贵妃生日，命小部张乐长生殿，因奏新曲，未有名。会南方进荔枝，因名曰荔枝香。’《脞说》云：‘太真妃好食荔枝，每岁忠州置急递上进，五日至都。天宝四年夏，荔枝滋甚，比开笼时，香满一室，供奉李龟年撰此曲进之，宣赐甚厚。’《杨妃外传》云：‘明皇在骊山，命小部音声于长生殿奏新曲，未有名，会南海进荔枝，因名荔枝香。’三说虽小异，要是明皇时曲。然史及《杨妃外传》皆谓帝在骊山，故杜牧之《华清绝句》云：‘长安回望绣成堆，山顶千门次第开。一骑红尘妃子笑，无人知道荔枝来。’《遁斋闲览》非之，曰：‘明皇每岁十月幸骊山，至春乃还，未尝用六月，词意虽美，而失事实。’予观小杜《华清》长篇，又有‘尘埃羯鼓索，片段荔枝筐’之语。其后欧阳永叔词亦云：‘一从魂散马嵬间。只有红尘无驿使，满眼骊山。’唐史既出永叔，宜此词亦尔也。”

【注释】

①五岭：泛指岭南地区。《史记》：“北有长城之役，南有五岭之戍。”唐代司马贞《索隐》引裴渊《广州记》：“大庾、始安、临贺、桂阳、揭阳，斯五岭。”

②麦秋：指农历四月。《礼记·月令》：“（孟夏之月）聚畜百药，靡草死，麦秋至。”元代陈澔《集说》：“秋者，百谷成熟之期，此于时虽夏，于麦则秋，故云麦秋也。”

③荔子：荔枝，又作荔支、离支。晋代郭义恭《广志》：“荔支树高五六丈，大如桂树，绿叶蓬蓬，冬夏荣茂。青华朱实，大如鸡子，核黄黑，似熟莲子，实白如肪，甘而多汁，似安石榴，有酸甜者。至日将中，翕然俱赤，则可食也。一树下子百斛。”宋代蔡襄《荔枝谱》：“荔枝之于天下，唯闽粤、南粤、巴蜀有之。汉初，南粤王尉佗以之备方物，于是始通中国。”

④妃子偏怜：指杨贵妃嗜好荔枝之事。《新唐书》："妃嗜荔支，必欲生致之，乃置骑传送，走数千里，味未变已至京师。"

⑤一从魂散马嵬关：指唐代安史之乱时，唐玄宗在马嵬驿兵变中赐死杨贵妃之事。马嵬关，在今陕西兴平。唐代李肇《唐国史补》："玄宗幸蜀，至马嵬驿，命高力士缢贵妃于佛堂前梨树下。"

⑥骊山：在今陕西临潼，唐代华清宫所在地。

鹧鸪天·送客至汤泉

李洪

十月南闽未有霜。蕉林蔗[1]圃郁相望。压枝橄榄[2]浑如画，透甲香橙[3]半弄黄。

斟绿醑[4]，泛沧浪[5]。白沙翠竹近温汤。分明水墨山阴道，只欠冰溪雪月光[6]。

【解题】

李洪（1129—？），字子大，扬州（今江苏扬州）人，南宋官员，著有《芸庵类稿》。

汤泉，温泉。

【注释】

①蔗：晋代张勃《吴录》："交趾所生者，围数寸，长丈余，颇似竹，断而食之，甚甘。笮取其汁，曝数日，成饴，入口消释，彼人谓之石蜜。"

②橄榄：唐代刘恂《岭表录异》：“橄榄树身耸，枝皆高数丈。其子深秋方熟。闽中尤重其味，云咀之香口，胜鸡舌香。生啖及煮饮，悉解酒毒。有野生者，子繁树峻，不可梯，但刻其根下方寸许，内盐于其中，一夕子皆落。”

③橙：《果木志》：“橙似橘而非，若柚而香，冬夏华实相继，或如弹丸，或如拳。”刘孝俨《橘录》：“木有刺，香气馥郁，可以熏衣，可以芼鲜，可以渍蜜。”

④绿醑：指美酒。

⑤沧浪：《孟子》：“有孺子歌曰：‘沧浪之水清兮，可以濯我缨；沧浪之水浊兮，可以濯我足。’”

⑥分明水墨山阴道，只欠冰溪雪月光：《世说新语》：“王子敬云：‘从山阴道上行，山川自相映发，使人应接不暇。若秋冬之际，尤难为怀。’”“王子猷居山阴，夜大雪，眠觉，开室命酌酒，四望皎然。因起彷徨。咏左思《招隐诗》，忽忆戴安道。时戴在剡，即便夜乘小船就之。经宿方至，造门不前而返。人问其故，王曰：‘吾本乘兴而行，兴尽而返，何必见戴！’”

临江仙·和叶仲洽赋羊桃

辛弃疾

忆醉三山[1]芳树下，几曾风韵忘怀。黄金颜色五花开。味如卢橘熟[2]。贵似荔枝来。

闻道商山余四老[3]，橘中自酿秋醅[4]。试呼名品细推排。重重香腑脏，偏殢圣贤杯[⑤]。

【解题】

叶仲洽，生平不详。羊桃，范成大《桂海虞衡志》:“五棱子，形甚诡异，瓣五出，如田家碌碡状。味酸，久嚼微甘，闽中谓之羊桃。”

【注释】

①三山：指今福建福州的于山、乌山和屏山。

②卢橘熟：司马相如《上林赋》:“于是乎卢橘夏熟，黄甘橙榛，枇杷橪柿，楟柰厚朴，梬枣杨梅，樱桃蒲陶，隐夫薁棣，答遝荔枝，罗乎后宫，列乎北园。”

③商山余四老：化用汉代商山四皓的典故。《史记》:“汉十二年，上从击破布军归，疾益甚，愈欲易太子。留侯谏，不听，因疾不视事。叔孙太傅称说引古今，以死争太子。上详许之，犹欲易之。及燕，置酒，太子侍。四人从太子，年皆八十有余，须眉皓白，衣冠甚伟。上怪之，问曰：‘彼何为者?’四人前对，各言名姓，曰东园公，角里先生，绮里季，夏黄公。上乃大惊，曰：‘吾求公数岁，公辟逃我，今公何自从吾儿游乎?’四人皆曰：‘陛下轻士善骂，臣等义不受辱，故恐而亡匿。窃闻太子为人仁孝，恭敬爱士，天下莫不延颈欲为太子死者，故臣等来耳。’上曰：‘烦公幸卒调护太子。’”

④橘中自酿秋醅：唐代牛僧孺《玄怪录》:“有巴邛人，不知姓名，家有橘园。因霜后，诸橘尽收，余有两大橘，如三四斗

盎。巴人异之，即令攀摘，轻重亦如常橘。剖开，每橘有二老叟，鬓眉皤然，肌体红润，皆相对象戏，身仅尺余。谈笑自若，剖开后亦不惊怖，但相与决赌。赌讫，一叟曰：‘君输我海龙神第七女发十两，智琼额黄十二枚，紫绢帔一副，绛台山霞宝散二庾，瀛洲玉尘九斛，阿母疗髓凝酒四钟，阿母女态盈娘子跻虚龙缟袜八緉，后日于王先生青城草堂还我耳。’又有一叟曰：‘王先生许来，竟待不得，橘中之乐，不减商山，但不得深根固蒂，为愚人摘下耳。’又一叟曰：‘仆饥矣，当取龙根脯食之。’即于袖中抽出一草根，方圆径寸，形状宛转如龙，毫厘罔不周悉，因削食之，随削随满。食讫，以水噀之，化为一龙，四叟共乘之，足下泄泄云起。须臾，风雨晦冥，不知所在。巴人相传云：百五十年来如此，似在陈、隋之间，但不知指的年号耳。”

⑤偏㱿圣贤杯：《三国志》：“魏国初建，（徐邈）为尚书郎。时科禁酒，而邈私饮至于沉醉。校事赵达问以曹事，邈曰：‘中圣人。’达白之太祖，太祖甚怒。渡辽将军鲜于辅进曰：‘平日醉客谓酒清者为圣人，浊者为贤人。邈性修慎，偶醉言耳。’竟坐得免刑。后领陇西太守，转为南安。文帝践阼，历谯相、平阳、安平太守，颍川典农中郎将，所在著称，赐爵关内侯。车驾幸许昌，问邈曰：‘颇复中圣人不？’邈对曰：‘昔子反毙于谷阳，御叔罚于饮酒，臣嗜同二子，不能自惩，时复中之。然宿瘤以丑见传，而臣以醉见识。’帝大笑。”

来从西域馨香异

更漏子·余甘汤

黄庭坚

庵摩勒，西土果。霜后明珠颗颗。凭玉兔，捣香尘[①]。称为席上珍。

号余甘，争奈[②]苦。临上马时分付。管回味，却思量。忠言君试尝。

【解题】

余甘，印度果名，又名庵摩勒、庵摩罗、庵摩落迦果。《异物志》：“余甘如弹丸大，视之，理如定陶瓜片。初入口苦，久乃更甜美。盐而蒸之，尤美可食。”《南方草木状》：“黄实似李，青黄色。核圆，作六七棱。食之，先苦后甘。”

【注释】

①凭玉兔，捣香尘：化用玉兔捣药的典故。晋代傅玄《拟天问》：“月中何有，玉兔捣药。”

②争奈：怎奈，无奈。

鹧鸪天·咏二色葡萄

张镃

阴阴一架绀云[①]凉。袅袅千丝翠蔓长。紫玉乳圆秋结穗，水晶珠莹露凝浆。

相并熟，试新尝。累累轻剪粉痕香。小槽压就西凉酒[②]，风月无边是醉乡[③]。

【解题】

葡萄，《本草》："蒲萄苗作藤蔓，而极长大，盛者一二本，绵被山谷。开花极细而黄白色，其实紫、白二色，而形之圆、锐亦二种。其汁可以酿酒。"

【注释】

①绀云：青黑色的云。

②小槽压就西凉酒：小槽，榨酒工具。西凉酒，西凉葡萄酒。

③风月无边是醉乡：欧阳修《新唐书》："王绩追述革酒法为经，又采杜康、仪狄以来善酒者为谱。李淳风曰：'君，酒家南、董也。'所居东南有盘石，立杜康祠祭之，尊为师，以革配。著《醉乡记》以次刘伶《酒德颂》。其饮至五斗不乱，人有以酒邀者，无贵贱辄往，著《五斗先生传》。"

鹧鸪天·和黄虚谷石榴韵

陈著

看了山中薜荔衣[①]。手将安石种[②]分移。花鲜绚日猩红妒，叶密乘风翠羽飞。

新结子，绿垂枝。老来眼底转多宜。牙齿不入甜时样，醋醋[③]何妨荐酒卮。

【解题】

黄虚谷，指黄翔凤，生卒年不详，字子羽，人称虚谷先生，慈溪（今浙江慈溪）人。

【注释】

①山中薜荔衣：《楚辞·九歌·山鬼》："若有人兮山之阿，被薜荔兮带女萝。既含睇兮又宜笑，子慕予兮善窈窕。"

②安石种：晋代张华《博物志》："张骞使西域还，得安石榴花，系涂林种。"

③醋醋：《博异记》："崔元徽遇数美人李氏、陶氏，又绯衣少女曰醋醋，又有封家十八姨来。石醋醋曰：'诸女伴皆住，苑中每被恶风所挠，常求十八姨相芘。处士每岁旦与作一朱幡，图日月五星，则免矣。'崔许之，其日立幡。东风刮地，折木飞花，而苑中花不动，崔方悟众花之精，封家姨乃风神也，石醋醋乃石榴也。"

此“果”只应天上有

西江月

仲殊

味过华林芳蒂，色兼阳井[①]沉朱。轻匀绛蜡裹团酥。不比人间甘露。

神鼎十分火枣[②]，龙盘三寸红珠。清含冰蜜洗云腴[③]。只恐身轻飞去。

【解题】

仲殊，生卒年不详，本名张挥，安州（今湖北安陆）人，北宋僧人、词人，著有《宝月集》。

此为咏柿词。宋代罗愿《尔雅翼》:“柿于经乃复罕见，唯《内则》所加庶羞三十一物中有之。实黄而大，味甚甘，亦暴而食之。《说文》‘赤实果也’。又有红柿，皮深红而多水。又有椑，似柿而青黑，生江淮南，所谓‘梁侯乌椑之柿’是也。利以作漆，漆与蟹性反，故不宜与蟹同食。其叶厚，经霜乃丹色。《上林赋》：‘枇杷橪柿。’《齐民要术》云：‘柿有小者栽之，无者取枝于软枣根上插之。’俗谓柿有七绝：一寿，二多阴，三无鸟巢，四无虫蠹，五霜叶可玩，六嘉实，七落叶肥大。又木中根固者，唯柿为最，俗谓之柿盘。”

【注释】

①阳井：景阳井，又名胭脂井。《南史》：隋兵入宫，陈后主乃逃于井，“既而军人窥井而呼之，后主不应。欲下石，乃闻叫声。以绳引之，惊其太重。及出，乃与张贵妃、孔贵人三人同乘而上”。

②火枣：道教仙果。南朝梁陶弘景《真诰》：“玉醴金浆，交梨火枣，此则腾飞之药，不比于金丹也。”

③云腴：道教仙药。陶弘景《登真隐诀》：“云腴之味，香甘异美，强血补骨，守气凝液，镇生五藏，长养魂魄，真上药也。”

念奴娇

郑域

蕊宫[1]仙子，爱痴儿、不禁三偷家果[2]。弃核成根传汉苑[3]，依旧风烟难□。老养丹砂，长留红脸，点透胭脂颗。金盘盛处，恍然天上新堕。

莫厌对此飞觞，千年一熟，异人间梨枣。刘阮尘缘犹未断[4]，却向花间飞过。争似莲枝，摘来满把，莺嘴平分破。餐霞嚼露，镇长歌醉蓬岛。

【解题】

郑域，生卒年不详，字中卿，号松窗，三山（今福建福州）

人，淳熙十一年（1184）进士，南宋官员，后人辑有《松窗词》。

此词为咏桃之作。“依旧风烟难□”句，缺一字。

【注释】

①蕊宫：蕊珠宫的简称，道教神仙所居之处。《道藏·西升经》：“遂遍历九天，上升上清白阙丹城蕊珠宫。”

②三偷家果：《汉武故事》：“东郡送一短人，长七寸，衣冠具足。上疑其山精，常令在案上行，召东方朔问。朔至，呼短人曰：‘巨灵，汝何忽叛来，阿母还未？’短人不对，因指朔谓上曰：‘王母种桃，三千年一作子，此儿不良，已三过偷之矣。遂失王母意，故被谪来此。’上大惊，始知朔非世中人。短人谓上曰：‘王母使臣来，陛下求道之法，唯有清净，不宜躁扰。复五年，与帝会。’言终不见。”

③弃核成根传汉苑：《汉武帝内传》：“帝面南。王母自设天厨，真妙非常，丰珍上果，芳华百味，紫芝萎蕤，芬芳填樏。清香之酒，非地上所有，香气殊绝，帝不能名也。又命侍女更索桃果。须臾，以玉盘盛仙桃七颗，大如鸭卵，形圆青色，以呈王母。母以四颗与帝，三颗自食。桃味甘美，口有盈味。帝食辄收其核。王母问帝。帝曰：‘欲种之。’母曰：‘此桃三千年一生实，中夏地薄，种之不生。’帝乃止。”

④刘阮尘缘犹未断：南朝宋刘义庆《幽明录》：“汉永平五年，剡县刘晨、阮肇共入天台山，迷不得返。经十三日，粮乏尽，饥馁殆死。遥望山上有一桃树，大有子实。永无登路，攀缘藤葛，

乃得至上。各啖数枚，而饥止体充。复下山持杯取水，欲盥嗽，见芜菁叶从山腹流出，甚鲜新。复一杯流出，有胡麻饭糁。便共没水逆流行二三里，得度山，出一大溪边。有二女子，姿质妙绝。见二人持杯出，便笑曰：'刘阮二郎捉向所失流杯来。'晨肇既不识之。二女便呼其姓，如似有旧，乃相见。而悉问来何晚，因邀还家。其家铜瓦，屋南壁及东壁下，各有一大床，皆施绛罗帐。帐角悬铃，金银交错。床头各有十侍婢。敕云：'刘阮二郎经涉山岨，向虽得琼实，犹尚虚弊，可速作食。'食胡麻饭，山羊脯、牛肉，甚甘美。食毕行酒，有一群女来，各持五三桃子，笑而言：'贺汝婿来。'酒酣作乐至暮，令各就一帐宿。女往就之，言声清婉，令人忘忧，遂停半年。气候草木常是春时，百鸟啼鸣，更怀悲思，求归甚苦。女曰：'罪牵君，当可如何！'遂呼前来女子有三四十人集会奏乐，共送刘阮，指示还路。既出，亲旧零落，邑屋改异，无复相识。问讯得七世孙，传闻上世入山，迷不得归。至晋太元八年忽复去，不知何所。"

尉迟杯·赋杨公小蓬莱

吴文英

垂杨径。洞钥启，时见流莺迎。涓涓暗谷流红，应有缃桃[①]千顷。临池笑靥，春色满、铜华[②]弄妆影。记年时、试酒湖阴，褪花曾采新杏[③]。

蛛窗绣网玄经[④]，才石砚开奁，雨润云凝。小小蓬莱香[⑤]一掬，愁不到、朱娇翠靓。清尊伴、人闲永日，断琴和、棋声竹露冷。笑从前、醉卧红尘，不知仙在人境。

【解题】

杨公，佚名。小蓬莱，杨氏私家园林。

【注释】

①缃桃：缃核桃、千叶桃。《西京杂记》："桃十：秦桃、榹桃、缃核桃、金城桃、绮叶桃、紫文桃、霜桃、胡桃、樱桃、含桃。"

②铜华：铜制菱花镜，此处喻指园中池水。

③试酒湖阴，褪花曾采新杏：宋代有青杏佐酒的习俗。宋代孟元老《东京梦华录》："四月八日，佛生日。……在京七十二户诸正店，初卖煮酒。市井一新，唯州南清风楼，最宜夏饮。初尝青杏，乍荐樱桃，时得佳宾，觥酬交作。"

④玄经：汉代扬雄《太玄经》的简称。《汉书》："（扬雄）以为经莫大于《易》，故作《太玄》；传莫大于《论语》，作《法言》；史篇莫善于仓颉，作《训纂》；箴莫善于《虞箴》，作《州箴》。"

⑤蓬莱香：香名。宋代周去非《岭外代答》："蓬莱香，出海南，即沉水香结未成者。多成片如小笠及大菌之状，极坚实，状类沉香。惟入水则浮，气稍轻清，价亚沉香。刳去其背带木者，亦多沉水。"

三姝媚·樱桃

王沂孙

红缨悬翠葆。渐金铃枝深，瑶阶花少[①]。万颗燕支[②]，赠旧情、争奈弄珠人老[③]。扇底清歌，还记得、樊姬娇小。几度相思，红豆都销，碧丝空袅。

芳意荼蘼[④]开早。正夜色瑛盘[⑤]，素蟾低照。荐笋同时，叹故园春事，已无多了。赠满筠笼[⑥]，偏暗触、天涯怀抱。谩想青衣初见[⑦]，花阴梦好。

【解题】

王沂孙（？—约1290），字圣与，号碧山，会稽（今浙江绍兴）人，南宋著名词人，与周密、张炎、蒋捷并称“宋末词坛四大家”，著有《碧山乐府》。

樱桃,《吕氏春秋》:“一名含桃，以莺鸟所含，故名。”《本草》:“一名朱桃，一名麦英。”

【注释】

①瑶阶花少：晋代傅咸《黏蝉赋》:“樱桃其为树则多阴，其为果则先熟，故种之于厅事之前。”

②燕支：胭脂，此处代指樱桃。

③赠旧情、争奈弄珠人老：汉代张衡《南都赋》:“耕父扬光于清泠之渊，游女弄珠于汉皋之曲。”李善注引《韩诗内传》:“郑交甫将南适楚，遵波汉皋台下，乃遇二女，佩两珠，大如荆鸡

之卵。”

④荼蘼：唐代武平一《景龙文馆记》：“帝命侍臣升殿，食樱桃，并盛以琉璃，和以杏酪，饮酴醾酒。”

⑤夜色瑛盘:《拾遗录》：“汉明帝于月夜宴群臣于照园，大官进樱桃，以赤瑛为盘，赐群臣。月下视之，盘与桃同色，群臣皆笑曰是空盘。”

⑥赠满筠笼:《景龙文馆记》:“上与侍臣于树下摘樱桃，恣食。末后，大陈宴席，奏宫乐，至暝。人赐朱樱两笼。”

⑦青衣初见:《异闻录》：“天宝初，有范阳卢子在东都下第。尝春暮游僧舍。有僧开讲，卢诣讲筵。至精舍，有青衣携一笼樱桃，因与同餐。青衣云，娘子姓卢，即卢子再从姑也。卢即随之。卢梦为御史大夫，为相，经三十年，却到昔逢携樱桃青衣精舍门，遂下马，升殿礼佛，忽然昏醉，闻讲师云:‘何久不起?’乃见身着白衫服饰如故，访其仆，曰日已午矣。”

醉蓬莱：宋词中的旨酒思柔

中国酒文化源远流长，宋代更是酿酒业极为兴盛发达的时代。宋代酒业的发达程度，从宋代酒名的复杂性和艺术化上可见一斑。宋代周密《武林旧事》列举的“诸色酒名”有“蔷薇露、流香、宣赐碧香、思堂春、凤泉、玉练槌、有美堂、中和堂、雪醅、真珠泉、皇都春、常酒、和酒、皇华堂、爰咨堂、琼花露、六客堂、齐云清露、双瑞、爱山堂、得江、留都春、静治堂、十洲春、玉醅、海岳春、筹思堂、清若空、蓬莱春、第一江山、北府兵厨、锦波春、浮玉春、秦淮春、银光、清心堂、丰和春、蒙泉、萧洒泉、金斗泉、思政堂、龟峰、错认水、縠溪春、庆远堂、清白堂、蓝桥风月、紫金泉、庆华堂、元勋堂、眉寿堂、万象皆春、济美堂、胜茶”，并称“点检所酒息，日课以数十万计，而诸司邸第及诸州供送之酒不与焉。盖人物浩繁，饮之者众故也”。宋代张能臣《酒名记》更是备述后妃家、宰相、亲王家、戚里、内臣家、府寺、市店、三京、四辅、河北、河东、陕西、淮南、江南东西、三川、荆南湖北、福建、广南、京东、京西、河外等地所酿美酒之名。

与此前相比，宋代在酿酒理论和技术上有较大程度的发展。根据统计，宋朝是中国历代王朝编撰酒经最多的朝代。在苏轼《东坡酒经》、林洪《新丰酒法》、朱肱《北山酒经》、李保《续北山酒经》、窦革《酒谱》、范成大《桂海酒志》等众多酒经中，《北山酒经》可以称得上是宋代酿酒理论的代表作。

此书共分为三卷，上卷总结了历代酿酒的重要理论，并且对全书的内容作出了提纲挈领的阐述。关于酒的功用和意义，作者盛赞道："大哉，酒之于世也。礼天地，事鬼神。射乡之饮，《鹿鸣》之歌。宾主百拜，左右秩秩。上自缙绅，下逮闾里。诗人墨客，渔夫樵妇，无一可以缺此。投闲自放，攘襟露腹，便然酣睡于江湖之上，扶头解酲，忽然而醒。虽道术之士，炼阳消阴，饥肠如筋，而熟谷之液，亦不能去。惟胡人禅律，以此为戒。嗜者至于濡首败兴，失理伤生，往往屏爵弃卮，焚罍折榼，终身不复知其味者。酒复何过耶？平居无事，污樽斗酒，发狂荡之思，助江山之兴，亦未足以知曲糵之力、稻米之功。至于流离放逐，秋声暮雨，朝登糟丘，暮游曲封，御魑魅于烟岚，转炎荒为净土。酒之功力，其近于道耶！与酒游者，死生惊惧交于前而不知，其视穷泰违顺，特戏事尔。彼饥饿其身，焦劳其思，牛衣发儿女之感，泽畔有可怜之色，又乌足以议此哉？鸱夷大人，以酒为名，含垢受侮，与世浮沉。而彼骚人，高自标持，分别黑白，且不足以全身远害，犹以为惟我独醒。"

中卷论述酒曲制造技术，并收录了十几种酒曲的配方及制法。作者特别强调酒曲的重要性：“曲之于黍，犹铅之于汞，阴阳相制，变化自然。《春秋纬》曰：‘麦，阴也。黍，阳也。’先渍曲而投黍，是阳得阴而沸。后世曲有用药者，所以治疾也。曲用豆亦佳。神农氏赤小豆饮汁愈酒病。酒有热，得豆为良，但硬薄少蕴藉耳。古者‘醴酒在室，醍酒在堂，澄酒在下’，而酒以醇厚为上。饮家须察黍性陈新，天气冷暖。春夏及黍性新软，则先汤而后米，酒人谓之倒汤；秋冬及黍性陈硬，则先米而后汤，酒人谓之正汤。酝酿须酴米偷酸，投醹偷甜。浙人不善偷酸，所以酒熟入灰；北人不善偷甜，所以饮多令人膈上懊侬。桓公所谓青州从事、平原督邮者，此也。”

下卷重点论述了酿酒技术，作者认为：“酒甘易酿，味辛难酝。《释名》：‘酒者，酉也。’酉者，阴中也。酉用事而为收也，用而为散。散者，辛也。酒之名以甘辛为义，金木间隔，以土为媒。自酸之甘，自甘之辛，而酒成焉。所谓以土之甘，合木作酸；以木之酸，合土作辛，然后知投者所以作辛也。《说文》：‘投者，再酿也。’张华有九酝酒，《齐民要术》‘桑落酒有六七酘者’。酒以酘多为善，要在曲力相及，醁酒所以有韵者，亦以其再酘故也。过度亦多术，尤忌见日，若太阳出，即酒多不中。后魏贾思勰亦以夜半蒸炊，昧旦下酿，所谓以阴制阳，其义如此。”

在风流疏狂之际

如鱼水·帝里疏散

柳永

帝里[①]疏散，数载酒萦花系，九陌[②]狂游。良景对珍筵恼，佳人自有风流。劝琼瓯[③]。绛唇启、歌发清幽。被举措、艺足才高，在处[④]别得艳姬留。

浮名利，拟拚休。是非莫挂心头。富贵岂由人，时会高志须酬。莫闲愁。共绿蚁[⑤]、红粉相尤。向绣幄，醉倚芳姿睡，算除此外何求。

【解题】

柳永（约 987—约 1053），原名三变，字景庄，后名柳永，字耆卿，崇安（今福建武夷山）人，以屯田员外郎致仕，故世称柳屯田，北宋著名词人，擅长自度曲，并大力创作慢词，著有《乐章集》。

【注释】

①帝里：帝都，京城。

②九陌：指京都街道与繁华集市。唐代骆宾王《上吏部侍郎

帝京篇》:“三条九陌丽城隈，万户千门平旦开。”

③琼瓯：玉杯，此处指饮酒。

④在处：到处，处处。

⑤绿蚁：原指酒面泛起的泡沫，后用作酒名。汉代刘熙《释名》:“(酒)泛齐，浮蚁在上泛泛然也。”

抛球乐·晓来天气浓淡

柳永

晓来天气浓淡，微雨轻洒。近清明，风絮巷陌，烟草池塘，尽堪图画。艳杏暖、妆脸匀开，弱柳困、宫腰[1]低亚。是处丽质盈盈，巧笑嬉嬉，争簇秋千架。戏彩球罗绶[2]，金鸡芥羽[3]，少年驰骋，芳郊绿野。占断五陵[4]游，奏脆管、繁弦声和雅。

向名园深处，争抳画轮[5]，竞羁宝马。取次罗列杯盘，就芳树、绿阴红影下。舞婆娑，歌宛转，仿佛莺娇燕姹。寸珠片玉，争似此、浓欢无价。任他美酒，十千一斗，饮竭仍解金貂赊[6]。恣幕天席地[7]，陶陶尽醉太平，且乐唐虞景化。须信艳阳天，看未足、已觉莺花谢。对绿蚁翠蛾[8]，怎忍轻舍。

【解题】

清代郑文焯批语云:“结拍与《破阵乐》‘渐觉云海沉沉，洞天日晚’语意，俱有掉入苍茫之慨，骨气雄逸，与徒写景物情事意境不同。”

【注释】

①宫腰：楚腰。战国韩非《韩非子》："楚灵王好细腰，而国中多饿人。"

②彩球罗绶：彩球，唐代卢言《卢氏杂记》："每岁寒食，赐近臣帖绣彩球。"罗绶，彩球上的丝带。

③金鸡芥羽：《左传》："季、郈之鸡斗。季氏介其鸡，郈氏为之金距。"晋代杜预注："捣芥子播其羽也。或曰以胶沙播之为介鸡。"

④五陵：汉代班固《汉书》："郡国诸豪及长安、五陵诸为气节者皆归慕之。"唐代颜师古注云："五陵，谓长陵、安陵、阳陵、茂陵、平陵也。班固《西都赋》曰'南望杜、霸，北眺五陵'，是知霸陵、杜陵非此五陵之数也。而说者以为高祖以下至茂陵为五陵，失其本意。"

⑤争扼画轮：画轮，车名，唐代房玄龄等《晋书》："画轮车，驾牛，以彩漆画轮毂，故名曰画轮车。上起四夹杖，左右开四望，绿油幢，朱丝络，青交路，其上形制事事如辇，其下犹如犊车耳。"

⑥金貂赊：金貂，皇帝近臣的冠饰。赊，抵偿、抵押。南朝宋范晔《后汉书》："武冠，一曰武弁大冠，诸武官冠之。侍中、中常侍加黄金珰，附蝉为文，貂尾为饰，谓之'赵惠文冠'。胡广说曰：'赵武灵王效胡服，以金珰饰首，前插貂尾，为贵职。秦灭赵，以其君冠赐近臣。'"《晋书》："（阮孚）尝以金貂换酒，

复为所司弹劾，帝宥之。”

⑦幕天席地：晋代刘伶《酒德颂》：“行无辙迹，居无室庐，幕天席地，纵意所如。”

⑧翠蛾：指美女细而长曲的黛眉，亦作为美女的代称。

十拍子·暮秋

苏轼

白酒新开九酝[①]，黄花已过重阳。身外傥来[②]都似梦，醉里无何即是乡[③]。东坡日月长。

玉粉旋烹茶乳，金齑新捣橙香[④]。强染霜髭扶翠袖，莫道狂夫不解狂。狂夫老更狂[⑤]。

【注释】

①九酝：美酒名。曹操《奏上九酝酒法》：“臣县故令南阳郭芝，有九酝春酒。法用面三十斤，流水五石，腊月二日清曲，正月冻解，用好稻米，漉去曲滓，便酿法饮。曰譬诸虫，虽久多完，三日一酿，满九斛米止。臣得法酿之，常善；其上清滓亦可饮。若以九酝苦难饮，增为十酿，差甘易饮，不病。”

②傥来：《庄子》：“物之傥来，寄者也。”唐代成玄英疏：“傥者，意外忽来者耳。”

③无何即是乡：《庄子》：“今子有大树，患其无用，何不树之于无何有之乡，广漠之野，彷徨乎无为其侧，逍遥乎寝卧其下；不夭斤斧，物无害者；无所可用，安所困苦哉?”

④金虀新捣橙香：佚名《大业拾遗记》："吴郡献松江鲈鱼脍，须八九月霜下之时。鲈鱼白如雪，取三尺以下者作之，以香菜花叶相间，和以细缕金橙食之，炀帝曰：'所谓金虀玉脍，东南之佳味也。'"

⑤狂夫老更狂：杜甫《狂夫》："欲填沟壑惟疏放，自笑狂夫老更狂。"

鹧鸪天·家住苍烟落照间

陆游

家住苍烟落照间。丝毫尘事不相关。斟残玉瀣[①]行穿竹，卷罢《黄庭》[②]卧看山。

贪啸傲[③]，任衰残。不妨随处一开颜。元知造物心肠别，老却英雄似等闲。

【注释】

①玉瀣：美酒名。旧题唐代柳宗元《龙城录》："魏左相能治酒，有名曰醽渌、翠涛。常以大金罂内贮盛，十年饮不败其味，即世所未有。太宗文皇帝常有诗赐公，称：'醽渌胜兰生，翠涛过玉薤，千日醉不醒，十年味不败。'兰生，即汉武百味旨酒也。玉薤，炀帝酒名。公此酒本学酿于西胡人，岂非得大宛之法，司马迁所谓富人藏万石蒲萄酒，数十岁不败者乎？"

②《黄庭》：《黄庭经》，道教养生经典。宋代张君房《云笈七签》著录有《太上黄庭内景玉经》《太上黄庭外景玉经》及《黄

庭内景秘要六甲缘身经》等。

③啸傲：陶渊明《饮酒》："啸傲东轩下，聊复得此生。"

在呢喃儿女之间

金蕉叶·厌厌夜饮平阳第

柳永

厌厌夜饮平阳第[①]。添银烛、旋呼佳丽。巧笑难禁，艳歌无间声相继。准拟幕天席地。

金蕉叶泛金波霁[②]。未更阑、已尽狂醉。就中有个风流，暗向灯光底。恼遍两行珠翠[③]。

【注释】

①厌厌夜饮平阳第：厌厌，和悦的样子。《诗经·小雅·湛露》："厌厌夜饮，不醉无归。"平阳第，化用汉代平阳侯曹参的典故。班固《汉书》："（曹）参代（萧）何为相国，举事无所变更，一遵何之约束。择郡国吏长大，讷于文辞，谨厚长者，即召除为丞相史。吏言文刻深，欲务声名，辄斥去之。日夜饮酒。卿大夫以下吏及宾客见参不事事，来者皆欲有言。至者，参辄饮以醇酒，度之欲有言，复饮酒，醉而后去，终莫得开说，以为常。相舍后园近吏舍，吏舍日饮歌呼。从吏患之，无如何，乃请参游后园。闻吏醉歌呼，从吏幸相国召按之。乃反取酒张坐饮，大歌呼与

相和。参见人之有细过，掩匿覆盖之，府中无事。”

②金蕉叶泛金波霁：金蕉叶，酒杯名。后唐冯贽《云仙散记》引《逢原记》：“李适之有酒器九品：蓬莱盏、海川螺、舞仙盏、瓠子卮、慢卷荷、金蕉叶、玉蟾儿、醉刘伶、东溟样。蓬莱盏上有山，象三岛，注酒以山没为限。舞仙盏有关捩，酒满则仙人出舞，瑞香球落盏外。”金波，美酒名。据宋代张能臣《酒名记》载，宋代名酒有“河间府金波”“邢州金波”“代州金波”“洪州金波”“明州金波”“合州金波”等。霁，明朗的样子。

③珠翠：女子的饰物，此处代指美女。

惜芳时

欧阳修

因倚兰台翠云亸[①]。睡未足、双眉尚锁。潜身走向伊行坐。孜孜地[②]、告他梳裹。

发妆酒[③]冷重温过。道要饮、除非伴我。丁香[④]嚼碎偎人睡，犹记恨、夜来些个[⑤]。

【注释】

①翠云亸（duǒ）：翠云，形容女子发髻乌黑浓密。亸，下垂的样子。

②孜孜地：形容全神贯注的样子。

③发妆酒：清晨梳妆时所饮之酒。唐代敦煌话本《韩擒虎话本》：“皇帝宣问：‘皇后梳装如常，要酒何用？’杨妃蒙问，喜从

天降，启言圣人：‘但臣妾一遍梳装，须饮此酒一盏，一要软发，二要驻颜。且图供奉圣人，别无余事。’皇帝闻语，喜不自胜：‘皇后尚自驻颜，寡人饮了，也莫端正？’杨妃闻语，连忙捧盏，启言陛下：‘臣妾饮时，号曰发装酒。圣人若饮，改却酒名，唤即甚得，号曰万岁杯。愿圣人万岁、万万岁！’”

④丁香：又名鸡舌香，可以保持口气芬芳。宋代沈括《梦溪笔谈》：“《日华子》云：鸡舌香治口气。所以三省故事，郎官口含鸡舌香，欲其奏事对答其气芬芳。”

⑤夜来些个：犹言“昨夜的那些事”。

六么令·重九

周邦彦

快风[①]收雨，亭馆清残燠[②]。池光静横秋影，岸柳如新沐。闻道宜城酒美[③]，昨日新醅熟。轻镳相逐。冲泥策马，来折东篱半开菊。

华堂花艳对列[④]，一一惊郎目。歌韵巧共泉声，间杂琮琤玉。惆怅周郎[⑤]已老，莫唱当时曲。幽欢难卜。明年谁健，更把茱萸再三嘱[⑥]。

【解题】

周邦彦（1056—1121），字美成，号清真居士，杭州钱塘（今浙江杭州）人，北宋著名文学家、音乐家，善自度曲，格律精严，有“词中老杜”之称，著有《清真居士集》。

【注释】

①快风：宋玉《风赋》："楚襄王于兰台之宫，宋玉、景差侍，有风飒然而至。王乃披襟而当之曰：'快哉此风！寡人所与庶人共者邪？'"

②残燠（yù）：天气余热。

③宜城酒美：宋代乐史《太平寰宇记》："宜城出美酒，今在宜城县也，俗号宜城美酒为竹叶杯。"

④华堂花艳对列：唐代孟棨《本事诗》："杜（牧）为御史，分务洛阳。当时李司徒罢镇闲居，声伎豪华，为当时第一，洛中名士咸谒见之。李乃大开筵席，当时朝客高流，无不臻赴，以杜持宪，不敢邀置。杜遣座客达意，愿与斯会。李不得已，驰书。方对花独酌，亦已酣畅，闻命遽来。时会中已饮酒，女奴百余人，皆绝艺殊色。杜独坐南行，瞪目注视，引满三卮，问李云：'闻有紫云者，孰是？'李指示之。杜凝睇良久，曰：'名不虚得，宜以见惠。'李俯而笑，诸妓亦回首破颜。杜又自饮三爵，朗吟而起，曰：'华堂今日绮筵开，谁唤分司御史来。忽发狂言惊满座，两行红粉一时回。'意气闲逸，傍若无人。"

⑤周郎：晋代陈寿《三国志》："（周）瑜少精意于音乐，虽三爵之后，其有阙误，瑜必知之，知之必顾，故时人谣曰：'曲有误，周郎顾。'"

⑥明年谁健，更把茱萸再三嘱：此处化用南朝梁吴均《续齐谐记》的典故："汝南桓景随费长房游学累年。长房谓曰：'九月

九日，汝家中当有灾，宜急去。’令家人各作绛囊，盛茱萸以系臂，登高饮菊花酒，此祸可除。景如言，齐家登山，夕还，见鸡犬牛羊一时暴死。长房闻之曰：‘此可代也。’”

定风波·昨夜山公倒载归

辛弃疾

大醉自诸葛溪亭归，窗间有题字令戒饮者，醉中戏作。

昨夜山公倒载归①。儿童应笑醉如泥②。试与扶头③浑未醒。休问。梦魂犹在葛家溪④。

千古醉乡来往路⑤。知处。温柔东畔白云西⑥。起向绿窗高处看。题遍。刘伶元自有贤妻⑦。

【解题】

小序或作“大醉，归自葛园，家人有痛饮之戒，故书于壁”。

【注释】

①昨夜山公倒载归：化用晋代山简的典故。晋代习凿齿《襄阳耆旧记》：“诸习氏，荆土豪族，有佳园池。（山）简每出游嬉，多之池上，置酒辄醉，曰：‘此我高阳池也！’襄阳城中小儿歌之曰：‘山公出何许？往至高阳池。日夕倒载归，酩酊无所知。时时能骑马，倒著白接篱。举鞭问葛彊，何如并州儿？’彊，家在并州，简爱将也。”

②儿童应笑醉如泥：李白《襄阳歌》：“落日欲没岘山西，倒

著接蓠花下迷。襄阳小儿齐拍手，拦街争唱《白铜鞮》。傍人借问笑何事，笑杀山公醉似泥。”

③扶头：酒名，醇厚易醉之酒，或以为提神醒脑之酒。唐代白居易《早饮湖州酒寄崔使君》：“一榼扶头酒，泓澄泻玉壶。”

④葛家溪：宋代乐史《太平寰宇记》：“葛溪水，源出上饶县灵山，过当县李诚乡，在县西二里。昔欧冶子居其侧，以此水淬剑，又有葛元冢焉，因曰葛水。”

⑤千古醉乡来往路：欧阳修《新唐书》：“王绩追述革（焦）酒法为经，又采杜康、仪狄以来善酒者为谱。李淳风曰：‘君，酒家南、董也。’所居东南有盘石，立杜康祠祭之，尊为师，以革配。著《醉乡记》以次刘伶《酒德颂》。其饮至五斗不乱，人有以酒邀者，无贵贱辄往，著《五斗先生传》。”

⑥温柔东畔白云西：佚名《赵飞燕外传》：“嬺讽后曰：‘上久亡子，宫中不思千万岁计邪？何不时进上求有子？’后德嬺计，是夜进合德。帝大悦，以辅属体，无所不靡，谓为温柔乡。谓嬺曰：‘吾老是乡矣，不能效武皇帝求白云乡也。’”

⑦刘伶元自有贤妻：南朝宋刘义庆《世说新语》：“刘伶病酒，渴甚，从妇求酒。妇捐酒毁器，涕泣谏曰：‘君饮太过，非摄生之道，必宜断之。’伶曰：‘甚善，我不能自禁，惟当祝鬼神，自誓断之耳。便可具酒肉。’妇曰：‘敬闻命。’供酒肉于神前，请伶祝誓，伶跪而祝曰：‘天生刘伶，以酒为名。一饮一斛，五斗解酲。妇人之言，慎不可听。’”

在雅燕飞觞之处

减字木兰花·以大琉璃杯劝王仲翁

苏轼

海南奇宝，铸出团团如栲栳[①]。曾到昆仑，乞得山头玉女盆[②]。

绛州[③]王老，百岁痴顽推不倒。海口[④]如门，一派黄流[⑤]已电奔。

【解题】

王仲翁，指王公辅。宋代王象之《舆地纪胜》：“王公辅，俗呼王六公，居儋城，东坡甚重之，一百单三岁卒，号百岁翁。”

【注释】

①栲栳（kǎo lǎo）：形状像斗的容器，亦名笆斗。

②玉女盆：玉女洗头盆的简称。唐代杜光庭《墉城集仙录》：“明星玉女者，居华山，服玉浆，白日升天。山顶石龟，其广数亩，高三仞。其侧有梯磴，远皆见。玉女祠前，有五石臼，号曰‘玉女洗头盆’。其中水色，碧绿澄澈，雨不加溢，旱不减耗。祠内有玉石马一匹焉。”

③绛州：化用《左传》绛县老人典故。《左传》：“（襄公三十年）

三月癸未，晋悼夫人食舆人之城杞者，绛县人或年长矣，无子而往，与于食。有与疑年，使之年。曰：‘臣，小人也，不知纪年。臣生岁，正月甲子朔，四百有四十五甲子矣。其季于今三之一也。’吏走问诸朝。师旷曰：‘鲁叔仲惠伯会郤成子于承匡之岁也。是岁也，狄伐鲁，叔孙庄叔于是乎败狄于咸，获长狄侨如及虺也、豹也，而皆以名其子。七十三年矣。’史赵曰：‘亥有二首六身，下二如身，是其日数也。’士文伯曰：‘然则二万六千六百有六旬也。’”

④海口：汉代纬书《孝经钩命诀》：“仲尼海口，言若含海泽也。”

⑤黄流：酒名。《诗经·大雅·旱麓》：“瑟彼玉瓒，黄流在中。”毛氏传：“玉瓒，圭瓒也。黄金所以饰流鬯也。九命然后锡以秬鬯、圭瓒。”郑玄笺：“瑟，洁鲜貌。黄流，秬鬯也。圭瓒之状，以圭为柄，黄金为勺，青金为外，朱中央矣。殷王帝乙之时，王季为西伯，以功德受此赐。”

浣溪沙·罗袜空飞洛浦尘

苏轼

绍圣元年十月二十三日，与程乡令侯晋叔、归善簿谭汲同游大云寺。野饮松下，设松黄汤，作此阕。

罗袜空飞洛浦尘[①]。锦袍不见谪仙人[②]。携壶藉草[③]亦天真。

玉粉轻黄千岁药[④]，雪花浮动万家春。醉归江路野梅新。

【解题】

松黄汤，唐代苏敬等《新修本草》："松花即松黄，拂取正似蒲黄，久服令轻身，疗病胜似皮、叶及脂也。"宋代寇宗爽《本草衍义》："其花上黄粉名松黄，山人及时拂取，做汤点之甚佳，但不堪停久，故鲜用寄远。"小序之后或有"余家近酿酒，名之曰'万家春'，盖岭南万户酒也"一句。

【注释】

①罗袜空飞洛浦尘：化用曹植《洛神赋》典故："凌波微步，罗袜生尘。"

②锦袍不见谪仙人：化用李白典故。欧阳修《新唐书》："（李白）往见贺知章，知章见其文，叹曰：'子，谪仙人也！'言于玄宗，召见金銮殿，论当世事，奏颂一篇。帝赐食，亲为调羹，有诏供奉翰林。……白自知不为亲近所容，益骜放不自修，与知章、李适之、汝阳王琎、崔宗之、苏晋、张旭、焦遂为'酒八仙人'。恳求还山，帝赐金放还。白浮游四方，尝乘月与崔宗之自采石至金陵，著宫锦袍坐舟中，旁若无人。"

③藉草：萧统《文选·游天台山赋》："藉萋萋之纤草，荫落落之长松。"李善注："以草荐地而坐曰藉。"

④玉粉轻黄千岁药：晋代郭义恭《广志》："千岁老松子，色黄白，味似栗，可食。"

水调歌头·寿赵漕介庵

辛弃疾

千里渥洼种[①]，名动帝王家。金銮当日奏草，落笔万龙蛇。带得无边春下，等待江山都老，教看鬓方鸦。莫管钱流地[②]，且拟醉黄花。

唤双成，歌弄玉，舞绿华[③]。一觞为饮千岁，江海吸流霞[④]。闻道清都帝所[⑤]，要挽银河仙浪[⑥]，西北洗胡沙[⑦]。回首日边去，云里认飞车[⑧]。

【解题】

赵漕介庵，指赵彦端，字德庄，号介庵，曾任江南东路计度转运副使。

【注释】

①千里渥洼种：班固《汉书》："元鼎四年六月，得宝鼎后土祠旁。秋，马生渥洼水中，作《宝鼎天马之歌》。"

②钱流地：欧阳修《新唐书》："（刘晏）四方货殖低昂，及它利害，虽甚远，不数日即知，是能权万货重轻，使天下无甚贵贱，而物常平。自言'如见钱流地上'。每朝谒，马上以鞭算，质明视事，至夜分止，虽休浣不废事。"

③唤双成，歌弄玉，舞绿华：双成，佚名《汉武帝内传》："西王母命侍女董双成吹云和之笙。"弄玉，旧题西汉刘向《列仙传》："萧史者，秦穆公时人也，善吹箫，能致孔雀白鹤于庭。穆公有

女字弄玉，好之，公遂以女妻焉。日教弄玉作凤鸣，居数年，吹似凤声，凤凰来止其屋，公为作凤台，夫妇止其上不下数年，一旦皆随凤凰飞去。”绿华，南朝梁陶弘景《真诰》：“萼绿华者，自云是南山人，不知是何山也。女子年可二十上下，青衣，颜色绝整。以升平三年十一月十日夜降羊权，自此往来，一月之中辄六过来耳。”

④流霞：美酒名。汉代王充《论衡》：“曼都好道学仙，委家亡去，三年而返家。问其状，曼都曰：‘去时不能自知，忽见若卧形，有仙人数人将我上天，离月数里而止，见月上下幽冥。不知东西，居月之旁，其寒凄怆，口饥欲食，仙人辄饮我以流霞一杯。每饮一杯，数月不饥。’”

⑤清都帝所：旧题战国列御寇《列子》：“清都紫微，钧天广乐，帝之所居。”

⑥要挽银河仙浪：杜甫《洗兵马》：“安得壮士挽天河，净洗甲兵长不用。”

⑦洗胡沙：李白《永王东巡歌》：“但用东山谢安石，为君谈笑静胡沙。”

⑧飞车：汉代纬书《河图括地象》：“奇肱氏能为飞车，从风远行。”

水龙吟·听兮清佩琼瑶些

辛弃疾

用些语再题瓢泉，歌以饮客，声韵甚谐，客皆为之釂。

听兮清佩琼瑶些。明兮镜秋毫些。君无去此，流昏涨腻，生蓬蒿些。虎豹甘人，渴而饮汝，宁猿猱些[①]。大而流江海，覆舟如芥[②]，君无助、狂涛些。

路险兮、山高些。愧余独处无聊些。冬槽春盎[③]，归来为我，制松醪[④]些。其外芳芬，团龙片凤[⑤]，煮云膏些。古人兮既往，嗟余之乐，乐箪瓢些[⑥]。

【解题】

所谓“些语”，是指《楚辞·招魂》句尾皆用“些”字。稼轩曾作《水龙吟·题瓢泉》，故曰“再题瓢泉”。釂(jiào)，饮酒尽杯。

【注释】

①虎豹甘人，渴而饮汝，宁猿猱些:《楚辞》:“虎豹九关，啄害下人些。……此皆甘人，归来归来，恐自遗灾些。”《管子》:“坠岸三仞，人之所大难也，而猿猱饮焉。”

②覆舟如芥:《庄子》:“水之积也不厚，则负大舟也无力。覆杯水于坳堂之上，则芥为之舟。置杯焉则胶，水浅而舟大也。”

③冬槽春盎：槽，榨酒工具。盎，酒名。《周礼》:“酒正掌酒之政令，以式法授酒材。凡为公酒者亦如之。辨五齐之名，

一曰泛齐，二曰醴齐，三曰盎齐，四曰缇齐，五曰沈齐。”

④松醪：美酒名。苏轼《东坡志林》：“退之诗曰：‘百年未满不得死，且可勤买抛青春。’《国史补》云：‘酒有郢之富春，乌程之若下春，荥阳之土窟春，富平之石冻春，剑南之烧春。’杜子美亦云：‘闻道云安曲米春，才倾一盏便醺人。’裴铏作《传奇》记裴航事，亦有酒名‘松醪春’。乃知唐人名酒多以春，则‘抛青春’亦是酒名也。”

⑤团龙片凤：龙凤团茶。宋代祝穆《方舆胜览》云：“太平兴国二年始置龙焙，造龙团茶。咸平丁晋公为本路漕，监造御茶，进龙凤团。庆历间，蔡公端明为漕，始改造小龙团茶，仁庙尤珍惜。是后最精者，曰龙团胜雪，外有密云龙一品，号为奇绝。”

⑥乐箪瓢些：《论语》：“子曰：‘贤哉，回也！一箪食，一瓢饮，在陋巷，人不堪其忧，回也不改其乐。贤哉，回也！’”

石湖仙·寿石湖居士

姜夔

松江[①]烟浦。是千古三高[②]，游衍佳处。须信石湖仙，似鸱夷、翩然引去。浮云安在，我自爱、绿香红舞。容与。看世间、几度今古。

卢沟旧曾驻马，为黄花、闲吟秀句[③]。见说胡儿，也学纶巾攲雨[④]。玉友金蕉[⑤]，玉人金缕。缓移筝柱。闻好语。明年定在槐府[⑥]。

【注释】

①松江：吴淞江，亦称苏州河，经由吴淞口流入长江。

②三高：三高祠，祭祀越国范蠡、晋代张翰、唐代陆龟蒙三位地方先贤的地方。

③卢沟旧曾驻马，为黄花、闲吟秀句：卢沟桥，今北京名胜，当时金国定都在今北京。范成大曾出使金国，写有《水调歌头·又燕山九日作》词："黄花为我，一笑不管鬓霜羞。"

④纶巾攲（qī）雨：指将头巾折角用来挡雨，化用郭泰典故。《后汉书》："（郭泰）尝于陈梁间行遇雨，巾一角垫，时人乃故折巾一角，以为'林宗巾'。"《宋史》："金迎使者慕（范）成大名，至求巾帻效之。"

⑤玉友金蕉：玉友，美酒名。宋代张表臣《珊瑚钩诗话》："近时以黄柑酝酒，号'洞庭春色'，以糯米药曲作白醪，号'玉友'，皆奇绝者。"金蕉，酒杯名。

⑥槐府：指三公之位。《周礼》："朝士掌建邦外朝之法，左九棘，孤卿大夫位焉，群士在其后；右九棘，公侯伯子男位焉，群吏在其后；面三槐，三公位焉，州长众庶在其后。"

在黯然神伤之时

江城子·南来飞燕北归鸿

秦观

南来飞燕北归鸿[①]，偶相逢，惨愁容。绿鬓朱颜重见两衰翁。别后悠悠君莫问，无限事，不言中。

小槽春酒滴珠红[②]，莫匆匆，满金钟[③]。饮散落花流水各西东。后会不知何处是，烟浪远，暮云重。

【解题】

秦观（1049—1100），字少游，号淮海居士，高邮（今江苏高邮）人，北宋著名词人，与黄庭坚、晁补之、张耒并称“苏门四学士”，著有《淮海居士长短句》等。

【注释】

①南来飞燕北归鸿：古乐府《东飞伯劳歌》：“东飞伯劳西飞燕，黄姑织女时相见。”南朝陈江总《东飞伯劳歌》：“南飞乌鹊北飞鸿，弄玉兰香时会同。”

②小槽春酒滴珠红：珠红，美酒名，即珍珠红。唐代李贺《将进酒》：“琉璃钟，琥珀浓，小槽酒滴真珠红。”

③金钟：华贵的酒器。

钗头凤

陆游

红酥手[1]，黄滕酒[2]，满城春色宫墙柳。东风恶，欢情薄。一怀愁绪，几年离索[3]。错、错、错。

春如旧，人空瘦，泪痕红浥鲛绡[4]透。桃花落，闲池阁。山盟虽在，锦书[5]难托。莫、莫、莫！

【解题】

宋代陈鹄《耆旧续闻》云：“余弱冠客会稽，游许氏园，见壁间有陆放翁所题词，笔势飘逸，书于沈氏园，辛未三月题。放翁先室内琴瑟甚和，然不当母夫人意，因出之。夫妇之情，实不忍离。后适南班士名某，家有园馆之胜。务观一日至园中，去妇闻之，遣遗黄封酒、果馔，通殷勤。公感其情，为赋此词。其妇见而和之，有‘世情薄，人情恶’之句，惜不得其全阕。未几，怏怏而卒。闻者为之怆然。此园后更许氏。淳熙间，其壁犹存，好事者以竹木来护之，今不复有矣。”

清代况周颐《香东漫笔》载：“放翁出妻姓唐名琬，和放翁《钗头凤》词，见《御选历代诗余》及《林下词选》，词云：‘世情薄，人情恶，雨送黄昏花易落。晓风干，泪痕残，欲笺心事，独语斜阑。难，难，难。人成各，今非昨，病魂常似秋千索。角声寒，夜阑珊，怕人寻问，咽泪妆欢。瞒，瞒，瞒。’”

【注释】

①红酥手：形容女性的手红润柔腻。

②黄滕酒：美酒名，亦名黄封酒。宋代欧阳修《感事》："病骨瘦便花蕊暖，烦心渴喜凤团香。"自注："先朝旧例，两府辅臣岁赐龙茶一斤而已。余在仁宗朝，作学士，兼史馆修撰，尝以史院无国史，乞降一本以备检讨，遂命天章阁录本付院。仁宗因幸天章，见书吏方录国史，思余上言，亟命赐黄封酒一瓶、果子一合、凤团茶一斤。押赐中使语余云：'上以学士校新写国史不易，遂有此赐。'然自后月一赐，遂以为常。后余忝二府，犹赐不绝。"宋代苏轼《岐亭》："为我取黄封，亲拆官泥赤。"宋施元之注："京师官法酒，以黄纸或黄罗绢封罩瓶口，名黄封酒。"

③离索：《礼记·檀弓》："子夏曰：'吾离群而索居，亦已久矣。'"

④鲛绡：南朝梁任昉《述异记》："南海出鲛绡纱，泉室潜织，一名龙纱。其价百余金，以为服，入水不濡。"

⑤锦书：唐房玄龄等《晋书》载："窦滔妻苏氏，始平人也，名蕙，字若兰。善属文。苻坚时为秦州刺史，被徙流沙，苏氏思之，织锦为回文旋图诗以赠滔。宛转循环以读之，词甚凄惋，凡八百四十字。"

满江红·倦客新丰

辛弃疾

倦客新丰[1]，貂裘敝[2]、征尘满目。弹短铗[3]、青蛇三尺，浩歌谁续。不念英雄江左老，用之可以尊中国。叹诗书、万卷致君人，翻沉陆[4]。

休感慨，浇醽醁[5]。人易老，欢难足。有玉人怜我，为簪黄菊。且置请缨封万户[6]，竟须卖剑酬黄犊[7]。甚当年、寂寞贾长沙，伤时哭[8]。

【注释】

①新丰：在今陕西临潼，以盛产美酒著名。《旧唐书》："马周字宾王，清河茌平人也。少孤贫，好学，尤精《诗》《传》，落拓不为州里所敬。武德中补博州助教，日饮醇酎，不以讲授为事。刺史达奚恕屡加咎责，周乃拂衣游于曹、汴，又为浚仪令崔贤所辱。遂感激，西游长安，宿于新丰。逆旅主人唯供诸商贩，而不顾待。周遂命酒一斗八升，悠然独酌，主人深异之。"

②貂裘敝：《战国策》："（苏秦）说秦王书十上而说不行。黑貂之裘弊，黄金百斤尽，资用乏绝，去秦而归。羸縢履蹻，负书担橐，形容枯槁，面目黧黑，状有归色。"

③弹短铗（jiá）：此处化用冯谖弹铗的典故。《战国策》："齐人有冯谖者，贫乏不能自存，使人属孟尝君，愿寄食门下。孟尝君曰：'客何好？'曰：'客无好也。'曰：'客何能？'曰：'客无能

宋·宋徽宗《写生翎毛图卷》

宋·宋徽宗 《写生翎毛图卷》

宋·宋徽宗《写生翎毛图卷》

也。’孟尝君笑而受之曰：‘诺。’左右以君贱之也，食以草具。居有顷，倚柱弹其剑，歌曰：‘长铗归来乎！食无鱼。’左右以告。孟尝君曰：‘食之，比门下之客。’居有顷，复弹其铗，歌曰：‘长铗归来乎！出无车。’左右皆笑之，以告。孟尝君曰：‘为之驾，比门下之车客。’于是乘其车，揭其剑，过其友曰：‘孟尝君客我。’后有顷，复弹其剑铗，歌曰：‘长铗归来乎！无以为家。’左右皆恶之，以为贪而不知足。孟尝君问：‘冯公有亲乎？’对曰：‘有老母。’孟尝君使人给其食用，无使乏。于是冯谖不复歌。”

④沉陆：《庄子》：“孔子之楚，舍于蚁丘之浆。其邻有夫妻臣妾登极者。子路曰：‘是稯稯何为者耶？’仲尼曰：‘是圣人仆也。是自埋于民，自藏于畔，其声销，其志无穷，其口虽言，其心未尝言。方且与世违，而心不屑与之俱，是陆沉者也。’”晋代郭象注：“所言者皆世言，心与世异，人中隐者，譬无水而沉也。”

⑤醽醁：美酒名。南朝宋盛弘之《荆州记》：“渌水出豫章康乐县，其间乌程乡有酒官，取水为酒，极甘美。与湘中酃湖酒年常献之，世称酃渌酒。”

⑥且置请缨封万户：化用汉代终军请缨的典故。《汉书》：“南越与汉和亲，乃遣（终）军使南越，说其王，欲令入朝，比内诸侯。军自请，愿受长缨，必羁南越王而致之阙下。军遂往说越王，越王听许，请举国内属，天子大悦。”

⑦竟须卖剑酬黄犊：化用汉代龚遂典故。《汉书》：“（龚）遂见齐俗奢侈，好末技，不田作，乃躬率以俭约，劝民务农桑，

令口种一树榆、百本薤、五十本葱、一畦韭，家二母彘、五鸡。民有带持刀剑者，使卖剑买牛，卖刀买犊，曰：‘何为带牛佩犊！’春夏不得不趋田亩，秋冬课收敛，益蓄果实菱芡。劳来循行，郡中皆有畜积，吏民皆富实。狱讼止息。”

⑧寂寞贾长沙，伤时哭：化用汉代贾谊的典故。《汉书》：“是时，匈奴强，侵边。天下初定，制度疏阔。诸侯王僭拟，地过古制，淮南、济北王皆为逆诛。（贾）谊数上疏陈政事，多所欲匡建，其大略曰：臣窃惟事势，可为痛哭者一，可为流涕者二，可为长太息者六，若其他背理而伤道者，难遍以疏举……”

满庭芳：宋词中的佳茶鲜馥

中国古代茶史一直有“茶兴于唐，盛于宋”的说法，宋代是中国茶文化的发展兴盛期。在宋代，茶已经成为人们日常生活的必需品，从而产生了所谓“开门七件事，柴米油盐酱醋茶”的民间谚语。宋徽宗赵佶曾经亲自撰写茶书《大观茶论》，他在这本书的序言中，不无自得地说道：“本朝之兴，岁修建溪之贡，龙团凤饼，名冠天下，而壑源之品亦自此而盛。延及于今，百废俱举，海内晏然，垂拱密勿，幸致无为。缙绅之士、韦布之流，沐浴膏泽，熏陶德化，咸以雅尚相推从，事茗饮。故近岁以来，采择之精，制作之工，品第之胜，烹点之妙，莫不咸造其极。”

所谓“建溪之贡”指的是宋代以北苑官焙为代表的贡茶。在中国历代贡茶史上，宋代的制作工艺水平最高，包装也最为奢华精美。宋代赵汝砺的《北苑别录》详细记录了作为皇家御用的北苑官焙的制茶工艺，具体说明了采茶、拣茶、蒸茶、榨茶、研茶、造茶、过黄等制作流程和注意事项。由于是供给皇家御用，宋代的贡茶名目繁多，等级区分也极为精细。根据宋代熊蕃《宣和北苑贡茶录》的记载，贡茶的种类有贡新銙、试新銙、白茶、龙团胜雪、御苑玉芽、万寿龙芽、上林第一、乙夜清供、承平雅玩、龙凤英华、玉除清赏、启沃承恩、雪英、云叶、蜀葵、金钱、玉华、寸金、无比寿芽、万春银叶、玉叶长春、宜年宝玉、玉清庆云、无疆寿龙、瑞云翔龙、长寿玉圭、兴国岩銙香口焙銙、上品拣芽、新收拣芽、太平嘉瑞、龙苑报春、南山应瑞、兴国岩拣芽、兴国岩小龙、兴国岩小凤、拣芽、小龙、小凤、大龙、大凤等。宋代贡茶的包装往往十分精美，甚至会在上面贴上金花以显珍贵。宋代欧阳修《归田录》云："庆历中，蔡君谟始造小片龙茶以进，谓之小团，凡二十饼重一斤，其价直金二两。每因南郊致斋，中书、枢密院各赐一饼，四人分之。宫中往往缕金花于其上，盖其贵重如此。"

与现在尤其不同的是，宋代以饼茶为主，由此衍生出点茶、分茶、斗茶等茶艺形式。

点茶是宋代最流行的茶艺，包括炙茶、碾罗、烘盏、候汤、击拂、烹试等一整套复杂操作。《大观茶论》对于点茶过程有详细描述："点茶不一，而调膏继刻，以汤注之。手重筅轻，无粟文蟹眼者，谓之静面点。盖击拂无力，茶不发立，水乳未浃，又复增汤，色泽不尽，英华沦散，茶无立作矣。有随汤击拂，手筅俱重，立文泛泛，谓之一发点。盖用汤已过，指腕不圆，粥面未凝，茶力已尽，云雾虽泛，水脚易生。妙于此者，量茶受汤，调如融胶，环注盏畔，勿使侵茶。势不欲猛，先须搅动茶膏，渐加击拂。手轻筅重，指绕腕旋，上下透彻，如酵蘖之起面，疏星皎月，灿然而生，则茶之根本立矣。第二汤自茶面注之，周回一线，急注急止。茶面不动，击拂既力，色泽渐开，珠玑磊落。三汤多寡如前，击拂渐贵轻匀，周环旋复，表里洞彻，粟文蟹眼，泛结杂起，茶之色，十已得其六七。四汤尚啬，筅欲转梢，宽而勿速，其清真华彩，既已焕发，云雾渐生。五汤乃可少纵筅，欲轻匀而透达，如发立未尽，则击以作之；发立已过，则拂以敛之。然后结霭凝雪，茶色尽矣。六汤以观立作，乳点勃结，则以筅着居缓绕，拂动而已。七汤以分轻清重浊，相稀稠得中，可欲则止。乳雾汹涌，溢盏而起，周回凝而不动，谓之‘咬盏’。宜匀其轻清浮合者饮之，《桐君录》曰：‘茗有饽，饮之宜人。’虽多不为过也。”

分茶是一种盛行于宋元的高级茶艺，亦称“茶百戏”，就是运用茶匙在茶面上绘画出花、鸟、虫、鱼之类的图案。宋代诗人杨万里曾经专门写过《澹庵坐上观显上人分茶》诗，真实记录了分茶的生动场景和自己的观赏体验，其诗云：“分茶何似煎茶好？煎茶不似分茶巧。蒸水老禅弄泉手，隆兴元春新玉爪。二者相遭兔瓯面，怪怪奇奇真善幻。纷如擘絮行太空，影落寒江能万变。银瓶首下仍尻高，注汤作字势嫖姚。不须更师屋漏法，只问此瓶当响答。紫微仙人乌角巾，唤我起看清风生。京尘满袖思一洗，病眼生花得再明。叹鼎难调要公理，策动茗碗非公事。不如回施与寒儒，归续茶经传衲子。”

斗茶是比试茶汤品质以及茶艺高低的娱乐活动，主要的评判标准在于汤色和水痕。宋代范仲淹的《和章岷从事斗茶歌》生动地再现了斗茶的完整过程：“年年春自东南来，建溪先暖冰微开。溪边奇茗冠天下，武夷仙人从古栽。新雷昨夜发何处，家家嬉笑穿云去。露芽错落一番荣，缀玉含珠散嘉树。终朝采掇未盈襜，唯求精粹不敢贪。研膏焙乳有雅制，方中圭兮圆中蟾。北苑将期献天子，林下雄豪先斗美。鼎磨云外首山铜，瓶携江上中泠水。黄金碾畔绿尘飞，紫玉瓯心翠涛起。斗余味兮轻醍醐，斗余香兮薄兰芷。其间品第胡能欺，十目视而十手指。胜若登仙不可攀，输同降将无穷耻。吁嗟天产石上英，论功不愧阶前蓂。众人之浊我可清，千日之醉我可醒。屈原试与招魂魄，刘伶却得闻雷霆。卢仝敢不歌，陆羽须作经。森然万象中，焉知无茶星。商山丈人休茹芝，首阳先生休采薇。长安酒价减千万，成都药市无光辉。不如仙山一啜好，泠然便欲乘风飞。君莫羡花间女郎只斗草，赢得珠玑满斗归。”

龙焙制造的绝品

西江月·茶词

苏轼

龙焙[1]今年绝品，谷帘[2]自古珍泉。雪芽双井散神仙[3]。苗裔来从北苑[4]。

汤发云腴酽白[5]，盏浮花乳轻圆[6]。人间谁敢更争妍。斗取红窗粉面[7]。

【解题】

宋代傅藻《东坡纪年录》另有题下小序，云："送建溪双井茶、谷帘泉与胜之。胜之，徐君猷家后房，甚丽，自叙本贵种也。"此词应作于苏轼贬谪黄州期间。

【注释】

①龙焙（bèi）：指宋代御用茶库，位于今福建省建瓯市。宋代祝穆《方舆胜览》云："太平兴国二年始置龙焙，造龙团茶。咸平丁晋公为本路漕，监造御茶，进龙凤团。庆历间，蔡公端明为漕，始改造小龙团茶，仁庙尤珍惜。是后最精者，曰龙团胜雪，外有密云龙一品，号为奇绝。"此处指的是龙焙产的御茶。焙，

原指烘焙茶饼用的焙炉，又泛指用于烘焙的装置或者场所。唐代陆羽《茶经》云：“焙，凿地深二尺，阔二尺五寸，长一丈。上作短墙，高二尺，泥之。”

②谷帘：谷帘泉，又名水帘泉，位于今江西省庐山市。唐代张又新《煎茶水记》载陆羽与李季卿论烹茶水之高下，分为二十品，“庐山康王谷水帘水第一”。宋代陈舜俞《庐山记》云：“康王谷景德观，旧名康王观。入谷中，泝涧行五里，至龙泉院。又行二十里，有水帘飞泉破岩而下者，二三十派，其高不可计，其广七十余尺。陆鸿渐《茶经》尝第其水为天下第一。”

③雪芽双井散神仙：雪芽双井，即宋代洪州分宁（今江西修水）双井所产的白芽茶。欧阳修《归田录》云：“腊茶出于剑、建，草茶盛于两浙。两浙之品，日注为第一。自景祐已后，洪州双井白芽渐盛，近岁制作尤精，囊以红纱，不过一二两，以常茶十数斤养之，用辟暑湿之气，其品远出日注上，遂为草茶第一。”散神仙，不受仙官约束的神仙，此处用以称赞双井雪芽茶的珍异。

④苗裔来从北苑：北苑，即宋代建州之龙焙。宋代柯适《北苑御焙记》云：“建州东，凤皇山，厥植宜茶惟北苑。太平兴国初，始为御焙，岁贡龙凤上。东东宫，西幽湖，南新会，北溪，属三十二焙。有署暨亭榭，中曰御茶堂。后坎泉甘，字之曰御泉。前引二泉，曰龙凤池。”此处指的是北苑茶，谓双井雪芽是北苑茶的后代，以此衬托龙焙的珍稀。

⑤汤发云腴酽白：云腴，原指山中雾气氤氲，此指烹茶时产生的雾气。酽白，此处形容茶汤颜色浓厚纯白。宋徽宗赵佶《大观茶论》云："点茶之色，以纯白为上真，青白为次，灰白次之，黄白又次之。天时得于上，人力尽于下，茶必纯白。天时暴暄，芽萌狂长，采造留积，虽白而黄矣。青白者，蒸压微生；灰白者，蒸压过熟。压膏不尽则色青暗，焙火太烈则色昏赤。"

⑥盏浮花乳轻圆：花乳，指茶汤表面的浮沫。

⑦斗取红窗粉面：斗取，犹言斗得。取，语助词，得也。粉面，或作"白面"。此处以物喻人，谓胜之的美艳，正如龙焙绝品，无人敢与之争妍。

满庭芳·有碾龙团为供求诗者，作长短句报之

李之仪

花陌[①]千条，珠帘十里[②]，梦中还是扬州[③]。月斜河汉，曾记醉歌楼。谁赋红绫小砑[④]，因飞絮、天与风流。春常在，仙源路隔，空自泛渔舟[⑤]。

新秋。初雨过，龙团细碾，雪乳浮瓯。问殷勤何处，特地相留。应念长门赋[⑥]罢，消渴[⑦]甚、无物堪酬。情无尽，金扉玉榜，何日许重游。

【解题】

李之仪（约1035—1117），字端叔，自号姑溪居士，沧州无棣（今山东无棣）人。北宋词人，苏门文士之一，著有《姑溪

词》等。

龙团，宋代贡茶名。宋代张舜民《画墁录》载：“丁晋公为福建转运使，始制为凤团，后又为龙团，贡不过四十饼，专拟上供，虽近臣之家徒闻之而未尝见也。天圣中又为小团，其品迥加于大团，赐两府，然止于一觔。唯上大齐宿八人、两府共赐小团一饼，缕之以金。八人折归，以侈非常之赐，亲知瞻玩，赓唱以诗。故欧阳永叔有《龙茶小录》。”

【注释】

①花陌：指遍布歌楼酒馆的街道。

②珠帘十里：化用唐代杜牧《赠别》：“春风十里扬州路，卷上珠帘总不如。”

③梦中还是扬州：化用杜牧《遣怀》：“十年一觉扬州梦，赢得青楼薄幸名。”

④红绫小砑（yà）：指用石具碾磨光滑的红绫笺纸。

⑤春常在，仙源路隔，空自泛渔舟：化用晋代陶渊明《桃花源记》的典故。

⑥长门赋：汉代司马相如的作品。南朝梁萧统《文选·长门赋序》云：“孝武皇帝陈皇后时得幸，颇妒，别在长门宫，愁闷悲思。闻蜀郡成都司马相如天下工为文，奉黄金百斤为相如文君取酒，因于解悲愁之辞。而相如为文以悟主上，陈皇后复得亲幸。”

⑦消渴：指司马相如的消渴疾。汉代司马迁《史记》载：“相如口吃而善著书。常有消渴疾。”

满庭芳·茶

黄庭坚

北苑春风，方圭圆璧[①]，万里名动京关。碎身粉骨[②]，功合上凌烟[③]。尊俎风流战胜，降春睡、开拓愁边。纤纤捧，研膏[④]溅乳，金缕鹧鸪斑[⑤]。

相如，虽病渴，一觞一咏，宾有群贤[⑥]。为扶起灯前，醉玉颓山。搜搅胸中万卷，还倾动、三峡词源[⑦]。归来晚，文君[⑧]未寝，相对小窗前。

【解题】

宋代吴曾《能改斋漫录》载：“豫章先生少时，尝为茶词，寄《满庭芳》云：‘北苑龙团，江南鹰爪，万里名动京关。碾深罗细，琼蕊冷生烟。一种风流气味，如甘露，不染尘烦。纤纤捧，冰瓷弄影，金缕鹧鸪斑。相如方病酒，银瓶蟹眼，惊鹭涛翻。为扶起尊前，醉玉颓山。饮罢风生两袖，醒魂到明月轮边。归来晚，文君未寝，相对小窗前。’其后增损其词，止咏建茶云：‘北苑研膏，方圭圆璧，万里名动天关。碎身粉骨，功合在凌烟。尊俎风流战胜，降春梦，开拓愁边。纤纤捧，香泉溅乳，金缕鹧鸪斑。相如虽病渴，一觞一咏，宾有群贤。便扶起灯前，醉玉颓山。搜搅胸中万卷，还倾动三峡词源，归来晚，文君未寝，相对小妆残。’词意益工也。后山陈无已同韵和之云：‘北苑先春，琅函宝韫，帝所分落人间。绮窗纤手，一缕破双团。云里游龙舞凤，香雾霭，飞入雕盘。华堂静，松风云竹，金鼎沸潺湲。门阑车马动，浮黄嫩白，小袖高鬟。便胸臆轮囷，肺腑生寒。唤起谪仙醉倒，翻湖海倾泻涛澜。笙歌散，风帘月幕，禅榻鬓丝斑。'”

此词作者，有黄庭坚、秦观两种说法。

【注释】

①方圭圆璧：形容北苑茶的形状，有方形的块茶和圆形的团茶。

②碎身粉骨：指碾茶。蔡襄《茶录》云："碾茶，先以净纸密裹捶碎，然后熟碾。其大要：旋碾则色白；或经宿，则色已昏矣。"

③凌烟：指凌烟阁，唐代为表彰功臣而建的高阁，阁内绘有功臣图像。

④研膏：指研茶。宋代赵汝砺《北苑别录》云："研茶之具，以柯为杵，以瓦为盆。分团酌水，亦皆有数。上而胜雪、白茶，以十六水；下而拣芽之水六，小龙凤四，大龙凤二，其余皆以十二焉。自十二水以上，日研一团；自六水而下，日研三团至七团。每水研之，必至于水干茶熟而后已。水不干，则茶不熟；茶不熟，则首面不匀，煎试易沉，故研夫犹贵于强而有力者也。"

⑤鹧鸪斑：茶盏名。宋代陶谷《清异录》云："闽中造盏，花纹鹧鸪斑，点试茶家珍之。"

⑥一觞一咏，宾有群贤：此处化用晋代王羲之《兰亭集序》"群贤毕至，少长咸集"和"一觞一咏，亦足以畅叙幽情"两句。

⑦三峡词源：比喻文思泉涌，犹如三峡急流。此处化用唐

代杜甫《醉歌行》："词源倒流三峡水，笔阵独扫千人军。"

⑧文君：指卓文君，司马相如之妻。

西江月·茶词

黄庭坚

龙焙头纲[①]春早，谷帘[②]第一泉香。已醺浮蚁[③]嫩鹅黄[④]。想见翻成雪浪。

兔褐金丝宝碗[⑤]，松风蟹眼[⑥]新汤。无因更发次公狂[⑦]。甘露来从仙掌[⑧]。

【注释】

①头纲：指宋代建州每年进贡的第一纲茶。纲，指成批运输货物的组织。一般而言，头纲是最好的贡茶。如真宗时的龙凤茶，仁宗时的上品龙茶，神宗时的密云龙，徽宗宣和年间的白茶与龙园胜雪，孝宗淳熙年间的贡新，等等。宋代熊蕃《宣和北苑贡茶录》云："岁分十余纲，惟白茶与胜雪，自惊蛰前兴役，浃日乃成，飞骑疾驰，不出仲春，已至京师，号为头纲。"

②谷帘：参见苏轼《西江月·茶词》"谷帘"注释。

③浮蚁：原指酒面上的浮沫。汉代刘熙《释名》云："泛齐，浮蚁在上泛泛然也。"后亦用作酒的代称，此处则借指茶。

④鹅黄：原指小鹅绒毛的浅黄色。唐代杜甫《舟前小鹅儿》诗云："鹅儿黄似酒，对酒爱新鹅。"其后用作酒名。此处形容茶色。

⑤兔褐金丝宝碗：指兔毫盏，茶具名。蔡襄《茶录》云：“茶色白，宜黑盏。建安所造者绀黑，纹如兔毫，其坯微厚，胁之久热难冷，最为要用。出他处者，或薄或色紫，皆不及也。其青白盏，斗试家自不用。”

⑥松风蟹眼：松风，形容煎茶时的水声。蟹眼，比喻茶汤沸腾时的浮泡。旧题宋代庞元英《谈薮》云：“俗以汤之未滚者为盲汤，初滚曰蟹眼，渐大曰鱼眼，其未滚者无眼，所语盲也。”宋徽宗赵佶《大观茶论》云：“凡用汤以鱼目蟹眼连绎并跃为度，过老则以少新水投之，就火顷刻而后用。”

⑦次公狂：次公，汉代盖宽饶之字。《汉书》载：“平恩侯许伯入第，丞相、御史、将军、中二千石皆贺，宽饶不行。许伯请之，乃往，从西阶上，东乡特坐。许伯自酌曰：‘盖君后至。’宽饶曰：‘无多酌我，我乃酒狂。’丞相魏侯笑曰：‘次公醒而狂，何必酒也？’”

⑧甘露来从仙掌：此处化用汉武帝制作承露仙人掌的典故。《艺文类聚》引《三辅故事》云：“汉武以铜作承露盘，高二十丈，大七围，上有仙人掌承露，和玉屑，欲以求仙也。”

地方盛产的奇珍

踏莎行

黄庭坚

画鼓催春[①]，蛮歌走饷[②]。雨前一焙争春长[③]。低株摘尽到高株，株株别是闽溪[④]样。

碾破春风，香凝午帐。银瓶[⑤]雪滚翻成浪。今宵无睡酒醒时，摩围[⑥]影在秋江上。

【解题】

此词应作于黄庭坚贬谪黔州期间。

【注释】

①画鼓催春：画鼓，彩绘的鼓。此处描写的是采茶前的催春仪式。宋代庞元英《文昌杂录》引库部林郎中说："建州上春采茶时，茶园人无数，击鼓声闻数里。"

②蛮歌走饷：蛮歌，南方少数民族的民歌。走饷，往田间送饭。

③雨前一焙争春长：雨前，即雨前茶，用谷雨前采摘的嫩芽制作而成。谷雨是春季的最后一个节气，故云"争春长"。此

句或作“火前一焙谁争长”。宋代王观国《学林》云：“茶之佳品，摘造在社前，其次则火前，谓寒食前也。其下则雨前，谓谷雨前也。”

④闽溪：建溪，原为水名，发源于武夷山，流经宋代建州（今福建建瓯）等地。建州是宋代著名的产茶区，以“建茶”著称于世，宋代李心传《建炎以来朝野杂记》云：“建茶岁产九十五万斤，其为团胯者号腊茶，久为人所贵。旧制，岁贡片茶二十一万六千斤。”建州茶区多在建溪流域，故而又以建溪作为建茶的借称。

⑤银瓶：盛茶的茶具。宋徽宗赵佶《大观茶论》云：“瓶宜金银，小大之制，惟所裁给。注汤害利，独瓶之口嘴而已。嘴之口差大而宛直，则注汤力紧而不散；嘴之末欲圆小而峻削，则用汤有节而不滴沥。盖汤力紧则发速有节，不滴沥则茶面不破。”

⑥摩围：摩围山，位于今重庆市彭水县。宋代王象之《舆地纪胜》云：“摩围山，在彭水县西，隔江四里，与州城对岸。夷獠呼天曰围，言此摩天，号曰摩围。”黄庭坚此时被贬黔州，居摩围阁。

阮郎归

黄庭坚

黔中[1]桃李可寻芳。摘茶人自忙。月团犀胯斗圆方[2]。研膏入焙香。

青箬裹[3]，绛纱囊[4]。品高闻外江。酒阑传碗舞红裳。都濡[5]春味长。

【解题】

此词应作于黄庭坚贬谪黔州期间。

【注释】

①黔中：黔州。《宋史·地理志》载："绍庆府，下，本黔州，黔中郡，军事，武泰军节度。绍定元年，升府。绍熙三年，移巡检治增潭。元丰户二千八百四十八。贡朱砂、蜡。县二：彭水，黔江。"

②月团犀胯斗圆方：月团，指圆形的团茶。卢仝《走笔谢孟谏议寄新茶》诗云："开缄宛见谏议面，手阅月团三百片。"犀胯，指形似带胯的块茶。斗，指茶中精品。宋代黄儒《品茶要录》云："茶之精绝者：曰斗，曰亚斗，其次拣芽。茶芽，斗品虽最上，园户或止一株，盖天材间有特异，非能皆然也。且物之变势无穷，而人之耳目有尽，故造斗品之家，有昔优而今劣，前负而后胜者，虽工有至、有不至，亦造化推移，不可得而擅也。其造：一火曰斗，二火曰亚斗，不过十数镑而已。"

③青箬裹：蔡襄《茶录》云："茶宜箬叶而畏香药，喜温燥而忌湿冷。故收藏之家，以箬叶封裹入焙中，两三日一次，用火常如人体温，温则御湿润。若火多，则茶焦不可食。"

④绛纱囊：欧阳修《归田录》云："腊茶出于剑、建，草茶盛于两浙，两浙之品，日注为第一。自景佑已后，洪州双井白芽

渐盛，近岁制作尤精，囊以红纱，不过一二两，以常茶十数斤养之，用辟暑湿之气，其品远出日注上，遂为草茶第一。”

⑤都濡：唐代李吉甫《元和郡县志》载：“都濡县，本贞观二十年析盈隆县置，以县西北六十里有都濡水为名也。”黄庭坚《答从圣使君书》云：“此邦茶乃可饮，但去城或数日，土人不善制度，焙多带烟耳，不然亦殊佳。今往黔州都濡月免两饼，施州八香六饼，试将焙碾尝。都濡在刘氏时贡炮也，味殊厚，恨此方难得真好事者耳。”

醉蓬莱

扬无咎

见禾山[1]凝秀，禾水[2]澄清，地灵境胜。天与珍奇，产凌霄峰顶。嫩叶森枪[3]，轻尘飞雪，冠中州双井。绝品家藏，武陵[4]有客，清奇相称。

坐列群贤，手呈三昧，云逐瓯圆，乳随汤进。珍重殷勤，念文园多病[5]。毛孔生香[6]，舌根回味，助苦吟幽兴。两腋风生，从教飞到，蓬莱仙境[7]。

【解题】

扬无咎（1097—1169），字补之，号逃禅老人，清江（今江西樟树西）人，诗书画皆擅，著有《逃禅词》。

【注释】

①禾山：在今江西永新。宋代王象之《舆地纪胜》载：“禾

山，在永新县西北六十里。其趾五百里，昔有嘉禾生其上，故曰禾山。”

②禾水：在今江西永新。清代顾祖禹《读史方舆纪要》载：“永新江，在县南。源出禾山，亦曰禾江，东流合琴亭、胜业诸水，至县东又东会群川，入泰和县界会牛吼江入赣江。”

③枪：指茶叶嫩芽。宋代王得臣《麈史》云：“闽人谓茶芽未展为枪，展则为旗，至二旗则老矣。”

④武陵：此处化用晋代陶渊明《桃花源记》“武陵人捕鱼为业”的典故。

⑤文园多病：文园，代指司马相如。《史记》载：“相如拜为孝文园令。”多病，指消渴疾。

⑥毛孔生香：卢仝《走笔谢孟谏议寄新茶》：“四碗发轻汗，平生不平事，尽向毛孔散。”

⑦两腋风生，从教飞到，蓬莱仙境：卢仝《走笔谢孟谏议寄新茶》：“七碗吃不得也，唯觉两腋习习清风生。蓬莱山，在何处？玉川子，乘此清风欲归去。”

水调歌头·咏茶

葛长庚

二月一番雨，昨夜一声雷。枪旗[①]争展，建溪春色占先魁。采取枝头雀舌[②]，带露和烟捣碎，炼作紫金堆。碾破香无限，飞起绿尘埃。

汲新泉，烹活火[③]，试将来。放下兔毫瓯子[④]，滋味舌头回。唤醒青州从事[⑤]，战退睡魔百万，梦不到阳台[⑥]。两腋清风起，我欲上蓬莱[⑦]。

【注释】

①枪旗：旗枪，指长有一芽一叶的茶尖。早春之茶，茶芽未展曰枪，已展曰旗。芽尖细如枪，叶展开如旗，故而得名。宋代叶梦得《避暑录话》云："茶味虽均，其精者在嫩芽，取其初萌如雀舌者谓之枪，稍敷而为叶者谓之旗。旗非所贵，不得已，取一枪一旗犹可，过是则老矣。"

②雀舌：茶叶嫩芽，因形似雀舌而得名。宋徽宗赵佶《大观茶论》云："凡芽如雀舌、谷粒者为斗品，一枪一旗为拣芽，一枪二旗为次之，余斯为下。"

③活火：炭火。唐赵璘《因话录》云："茶须缓火炙，活火煎。活火谓炭火之焰者也。"

④兔毫瓯子：兔毫盏。

⑤青州从事：美酒的代称。南朝宋刘义庆《世说新语》载："桓公有主簿，善别酒，有酒辄令先尝，好者谓'青州从事'，恶者谓'平原督邮'。青州有齐郡，平原有鬲县；'从事'言到脐，'督邮'言在鬲上住。"

⑥阳台：指男女私会之所。战国宋玉《高唐赋》云："昔者先王尝游高唐，怠而昼寝。梦见一妇人曰：妾巫山之女也。为高唐之客。闻君游高唐，愿荐枕席。王因幸之。去而辞曰：妾在

巫山之阳，高丘之岨，旦为朝云，暮为行雨，朝朝暮暮，阳台之下。”

⑦两腋清风起，我欲上蓬莱：卢仝《走笔谢孟谏议寄新茶》：“七碗吃不得也，唯觉两腋习习清风生。蓬莱山，在何处？玉川子，乘此清风欲归去。”

醒酒必备的利器

行香子·茶词

苏轼

绮席才终。欢意犹浓。酒阑时、高兴无穷。共夸君赐[①]，初拆臣封。看分香饼，黄金缕[②]，密云龙[③]。

斗赢一水[④]，功敌千钟[⑤]。觉凉生、两腋清风[⑥]。暂留红袖，少却纱笼[⑦]。放笙歌散，庭馆静，略从容。

【解题】

《古今词话》载："秦、黄、张、晁，为苏门四学士，每来，必命取密云龙供茶，家人以此记之。廖明略晚登东坡之门，公大奇之。一日又命取密云龙，家人谓是四学士；窥之，则廖明略也。坡为赋《行香子》一阕。"

【注释】

①君赐：指皇帝赏赐的贡茶。宋代杨亿《谈苑》云："贡茶凡十品，曰龙茶、凤茶、京挺、的乳、石乳、白乳、头金、蜡面、头骨、次骨。龙茶以贡乘舆，及赐执政、亲王、长主；余皇族、学士、将帅皆得凤茶；舍人、近臣赐京挺、的乳；馆阁赐白乳。"

②黄金缕：指茶饼上所缕的金花。欧阳修《归田录》载："庆历中，蔡君谟始造小片龙茶以进，谓之小团，凡二十饼重一斤，其价直金二两。每因南郊致斋，中书、枢密院各赐一饼，四人分之。宫中往往缕金花于其上，盖其贵重如此。"

③密云龙：北宋贡茶名，因茶饼上的图案而得名。宋代王巩《续闻见近录》载："元丰中，取拣芽不入香作'密云龙'茶，小于小团而厚实过之。终元丰，外臣未始识之。宣仁垂帘，始赐二府；及裕陵，宿殿夜，赐碾成末茶，二府两指许二小黄袋，其白如玉。"

④斗赢一水：指斗茶。一水，宋代斗茶评判优劣的术语。宋代蔡襄《茶录》载："建安斗试，以水痕先没者为负，耐久者为胜。故较胜负之说，曰相去一水两水。"

⑤千钟：千杯，指酒量大。《孔丛子》载："平原君与子高饮，强子高酒，曰：'昔有遗谚：尧舜千钟，孔子百觚，子路嗑嗑，尚饮十榼。古之圣贤无不能饮也。'"茶能解酒，故曰"功敌千钟"。

⑥两腋清风：唐代卢仝《走笔谢孟谏议寄新茶》："七碗吃不得也，唯觉两腋习习清风生。"

⑦暂留红袖，少却纱笼：此处化用宋代吴处厚《青箱杂记》典故。《青箱杂记》载："世传魏野尝从莱公（寇凖）游陕府僧舍，各有留题。后复同游，见莱公之诗已用碧纱笼护，而野诗独否，尘昏满壁。时有从行官妓，颇慧黠，即以袂就拂之。野徐曰：'若

得常将红袖拂，也应胜似碧纱笼。’莱公大笑。”

阮郎归

黄庭坚

歌停檀板舞停鸾[①]。高阳[②]饮兴阑。兽烟喷尽玉壶干。香分小凤团。

雪浪浅，露珠圆[③]。捧瓯春笋[④]寒。绛纱笼[⑤]下跃金鞍。归时人倚栏。

【解题】

此词作者，有苏轼、黄庭坚、张先等多种说法。

【注释】

①歌停檀板舞停鸾：檀板，乐器名，檀木制作的拍板。此句化用“舞鸾歌凤”的典故。《古今词话》载：“后唐庄宗修内苑，掘得断碑，中有字三十二曰：‘曾宴桃源深洞。一曲舞鸾歌凤。长记欲别时，残月落花烟重。如梦。如梦。和泪出门相送。’庄宗使乐工入律歌之，名曰‘古记’。”

②高阳：“高阳酒徒”的简称，指嗜酒而放荡不羁的人。汉代司马迁《史记》载，郦食其自称“吾高阳酒徒也，非儒人也”。

③雪浪浅，露珠圆：指点茶时出现的泡沫。陆羽《茶经》云：“凡酌，置诸碗，令沫饽均。沫饽，汤之华也。华之薄者曰沫，厚者曰饽，细轻者曰花。如枣花漂漂然于环池之上，又如回潭曲渚青萍之始生，又如晴天爽朗，有浮云鳞然。其沫者，若绿

钱浮于水湄，又如菊英堕于樽俎之中。饽者，以滓煮之，及沸，则重华累沫皤皤然若积雪耳。”

④春笋：指茶芽。陆羽《茶经》云：“凡采茶，在二月、三月、四月之间。茶之笋者，生烂石沃土，长四五寸，若薇蕨始抽，凌露采焉。”

⑤绛纱笼：采茶工具。陆羽《茶经》云：“籯，一曰篮，一曰笼，一曰筥。以竹织之，受五升，或一斗、二斗、三斗者，茶人负以采茶也。”

看花回·茶词

黄庭坚

夜永兰堂[①]醺饮，半倚颓玉[②]。烂熳坠钿堕履，是醉时风景，花暗烛残，欢意未阑，舞燕歌珠成断续。催茗饮、旋煮寒泉，露井瓶窦响飞瀑。

纤指缓、连环动触。渐泛起、满瓯银粟[③]。香引春风在手，似粤岭闽溪，初采盈掬。暗想当时，探春连云寻篁竹。怎归得，鬓将老，付与杯中绿[④]。

【注释】

①兰堂：厅堂的雅称。《文选·南都赋》云：“揖让而升，宴于兰堂。”

②颓玉：形容醉倒的样子。南朝宋刘义庆《世说新语》云：“时人目夏侯太初‘朗朗如日月之入怀’，李安国‘颓唐如玉山之

将崩’。”又云：“嵇康身长七尺八寸，风姿特秀。见者叹曰：‘萧萧肃肃，爽朗清举。’或云：‘肃肃如松下风，高而徐引。’山公曰：‘嵇叔夜之为人也，岩岩若孤松之独立；其醉也，傀俄若玉山之将崩。’”

③银粟：形容茶水表面的白色泡沫。黄庭坚《以小团龙及半挺赠无咎并诗用前韵为戏》诗云：“赤铜茗椀雨斑斑，银粟翻光解破颜。”

④杯中绿：也作“杯中醁”“杯中渌”，原指美酒，此处指茶。

惜余欢·茶词

黄庭坚

四时美景，正年少赏心，频启东阁。芳酒载盈车，喜朋侣簪合。杯觞交飞劝酬献，正酣饮、醉主公陈榻[①]。坐来争奈，玉山未颓，兴寻巫峡[②]。

歌阑旋烧绛蜡。况漏转铜壶[③]，烟断香鸭[④]。犹整醉中花，借纤手重插。相将扶上，金鞍騕褭[⑤]，碾春焙、愿少延欢洽。未须归去，重寻艳歌，更留时霎。

【注释】

①陈榻：指“陈蕃榻”，比喻礼贤下士的地方。《后汉书》载：“时陈蕃为太守，以礼请署功曹，（徐）稚不免之，既谒而退。蕃在郡不接宾客，唯稚来特设一榻，去则悬之。”

②兴寻巫峡：此处化用唐代杜甫《醉歌行》：“词源倒流三峡

水，笔阵横扫千人军。”

③铜壶：指铜壶滴漏，古代的计时器。

④香鸭：指鸭形香炉。

⑤騕袅（yǎo niǎo）：亦作“要袅”，古代骏马名。战国吕不韦《吕氏春秋》云：“飞兔、要袅，古之骏马也，材犹有短。”

满庭芳·茶词

秦观

雅燕飞觞①，清谈挥座②，使君③高会群贤。密云双凤，初破缕金团④。窗外炉烟似动，开瓶试、一品香泉。轻淘起，香生玉尘，雪溅紫瓯⑤圆。

娇鬟。宜美盼，双擎翠袖，稳步红莲。坐中客翻愁，酒醒歌阑。点上纱笼画烛，花骢⑥弄、月影当轩。频相顾，余欢未尽，欲去且流连。

【解题】

清代陈廷焯《白雨斋词话》云：“少游《满庭芳》诸阕，大半被放后作。恋恋故国，不胜热中。其用心不逮东坡之忠厚，而寄情之远，措语之工，则各有千古。”

【注释】

①雅燕飞觞：雅燕，即雅宴。飞觞，指举杯饮酒。觞，盛酒器。

②清谈挥座：化用晋代王衍典故。《晋书》载：“衍既有盛才

美貌，明悟若神，常自比子贡。兼声名藉甚，倾动当世。妙善玄言，唯谈老庄为事。每捉玉柄尘尾，与手同色。义理有所不安，随即改更，世号‘口中雌黄’。朝野翕然，谓之‘一世龙门’矣。”

③使君：原指汉代刺史，后用以尊称州郡长官。

④缕金团：缕有金丝的茶饼。

⑤紫瓯：茶具名，即建盏。蔡襄《试茶》诗云：“兔毫紫瓯新，蟹眼清泉煮。”

⑥花骢：花色宝马，杜甫《骢马行》诗云：“邓公马癖人共知，初得花骢大宛种。”

提神所需的妙招

醉花阴·试茶

舒亶

露芽[①]初破云腴细。玉纤纤[②]亲试。香雪透金瓶[③]，无限仙风[④]，月下人微醉。

相如消渴无佳思。了知君此意。不信老卢郎[⑤]，花底春寒，赢得[⑥]空无睡。

【解题】

舒亶（1041—1103），字信道，号懒堂，慈溪（今浙江慈溪）人，北宋官员，曾经参与弹劾苏轼的“乌台诗案”，著有《舒学士词》一卷。

【注释】

①露芽：唐宋名茶，又作“露牙”，产于四川蒙山及福州方山等地。唐代李肇《国史补》载：“福州有方山之露牙。”五代毛文锡《茶谱》载：“蒙山有压膏露芽，不压膏露芽。”

②玉纤纤：形容女性手指洁白纤柔。

③金瓶：烹茶器具。蔡襄《茶录》云：“瓶要小者，易候汤，

又点茶注汤有准。黄金为上，人间以银铁或瓷石为之。”

④仙风：唐代卢仝《走笔谢孟谏议寄新茶》：“唯觉两腋习习清风生。”

⑤老卢郎：指唐代诗人卢仝，其代表作《走笔谢孟谏议寄新茶》是著名的咏茶诗。

⑥赢得：落得，剩得。

谒金门·和韵赋茶

吴潜

汤怕老[1]。缓煮龙芽凤草[2]。七碗徐徐撑腹了。卢家诗兴渺。

君岂荆溪[3]路杳。我已泾川[4]梦绕。酒兴茶酣人语悄。莫教鸡聒晓。

【解题】

和韵，一种诗词创作方式，按照所唱和诗词的用韵进行创作，亦称“次韵”。唐代元稹《上令狐相公诗启》云：“稹与同门生白居易友善，居易雅能为诗，就中爱驱驾文字，穷极声韵，或为千言，或为五百言律诗，以相投寄。小生自审不能以过之，往往戏排旧韵，别创新词，名为次韵相酬，盖欲以难相挑耳。”

【注释】

①汤怕老：汤，指烹茶之水。陆羽《茶经》云：“其沸如鱼目，微有声，为一沸。缘边如涌泉连珠，为二沸。腾波鼓浪，为三沸。已上水老，不可食也。”

②龙芽凤草：指龙凤贡茶的嫩芽。宋代姚宽《西溪丛语》云："茶有十纲。第一、第二纲太嫩，第三纲最妙，自六纲至十纲，小团至大团而止。第一名曰试新。第二名曰贡新。第三名有十六色：龙园胜雪、白茶、万寿龙芽、御苑玉芽、上林第一、乙夜供清、龙凤英华、玉除清赏、承平雅玩、启沃承恩、雪叶、雪英、蜀葵、金钱、玉华、千金。第四有十二色：无比寿芽、宜年宝玉、玉清庆云、无疆寿龙、万春银叶、玉叶长春、瑞雪翔龙、长寿玉圭、香口焙、兴国岩、上品拣芽、新收拣芽。第五次有十二色：太平嘉瑞、龙苑报春、南山应瑞、兴国岩小龙、又小凤、续入额、御苑玉芽、万寿龙芽、无比寿芽、瑞云翔龙、先春太平嘉瑞、长寿玉圭。已下五纲，皆大小团也。"

③荆溪：在今江苏宜兴。

④泾川：在今安徽泾县。

望江南·茶

吴文英

松风远，莺燕静幽坊[①]。妆褪宫梅[②]人倦绣，梦回春草日初长。瓷碗试新汤。

笙歌断，情与絮悠扬。石乳[③]飞时离凤怨，玉纤分处[④]露花香。人去月侵廊。

【注释】

①莺燕静幽坊：莺燕，泛指春鸟，此处代指歌伎。静幽坊，

或作“静幽芳”。

②宫梅：此处指梅花妆，一种古代女性妆饰，其妆为描梅花状图饰于额上，相传始于南朝宋寿阳公主。《太平御览》引《宋书》曰：“武帝女寿阳公主，人日卧于含章檐下，梅花落公主额上，成五出之花，拂之不去，皇后留之。自后有梅花妆，后人多效之。”

③石乳：石乳茶，一种产于建州的蜡面茶。宋代熊蕃《宣和北苑贡茶录》云：“又一种茶，丛生石崖，枝叶尤茂。至道初，有诏造之，别号石乳。”元代马端临《文献通考》云：“凡茶有二类，曰片、曰散。片茶蒸造，实卷模中串之，惟建、剑则既蒸而研，编竹为格，置焙室中，最为精洁，他处不能造。其名有龙、凤、石乳、的乳、白乳、头金、蜡面、头骨、次骨、末骨、粗骨、山挺十二等，以充岁贡及邦国之用，洎本路食茶。”

④分处：分，即分茶，宋代流行的一种泡茶技艺，又称茶百戏、汤戏或茶戏。托名宋代陶谷的《荈茗录》云：“茶至唐始盛。近世有下汤运匕，别施妙诀，使汤纹水脉成物象者，禽兽虫鱼花草之属，纤巧如画，但须臾即就散灭，此茶之变也。时人谓之茶百戏。”

千秋岁：宋词中的药香侵怀

“本草”是中国古代药物学的通称，托名“神农”的《神农本草经》是中国现存较早的药学著作。南朝的“山中宰相”陶弘景对《神农本草经》加以修订注释，形成了中药学的经典著作《本草经集注》。及至唐代，苏敬等人在陶书的基础之上，主持编纂《新修本草》，又称为《唐本草》。宋代针对前人本草著作的整理和补充，为中国的药学事业做出了新的贡献。

开宝六年（973），宋太祖诏刘翰、马志等九人取唐代《新修本草》、后蜀韩保升《蜀本草》加以详校，参以唐代陈藏器《本草拾遗》，编成《开宝新详定本草》，翌年又重修为《开宝重定本草》。嘉祐年间，宋仁宗又命掌禹锡主持编修《补注神农本草》，史称《嘉祐本草》。与此同时，宋仁宗任命苏颂编撰《本草图经》，这是中国第一部雕版印刷的药物图谱，在中国药学发展史上占据重要地位。其后，唐慎微将《嘉祐本草》和《本草图经》合二为一，撰成宋代药学名著《证类本草》，这是宋代本草集大成之作，标志着宋代药学发展的一个高峰。明代李时珍的不朽巨作《本草纲目》，即以《证类本草》为蓝本。

艾晟《大观经史证类备急本草》叙云：“观《本草》所载，自玉石、草木、虫鱼、果蔬，以至残衣、破革、飞尘、聚垢，皆有可用以愈疾者。而神农旧经，止于三卷，药数百种而已。梁陶隐居因而倍之，唐苏恭、李绩之徒又从而广焉，其书为稍备。逮及本朝开宝、嘉祐之间，尝诏儒臣论撰，收拾采摭，至于前人之所弃，与夫有名而未用，已用而未载者，悉取而著于篇，其药之增多，遂至千有余种，庶乎无遗也。而世之医师方家，下至田父里妪，犹时有以单方异品效见奇捷，而前书不载，世所未知者，类盖非一。故慎微因其见闻之所逮，博采而备载之，于《本草图经》之外，又得药数百种，益以诸家方书，与夫经、子、传记、佛书、道藏，凡该明乎物品功用者，各附于本药之左。其为书三十一卷，目录一卷，六十余万言，名曰《经史证类备急本草》。察其为力亦勤矣，而其书不传，世罕言焉。集贤孙公得其本而善之，邦计之暇，命官校正，募工镂板，以广其传，盖仁者之用心也。”

宋人推荐的修仙秘方

临江仙·细马远驮双侍女

苏轼

龙丘子自洛之蜀，载二侍女，戎装骏马。至溪山佳处，辄留，见者以为异人。后十年，筑室黄冈之北，号静安居士。作此记之。

细马[①]远驮双侍女，青巾玉带红靴。溪山好处便为家。谁知巴峡路，却见洛城花[②]。

面旋落英飞玉蕊，人间春日初斜。十年不见紫云车[③]。龙丘新洞府[④]，铅鼎养丹砂[⑤]。

【解题】

龙丘子，指陈慥。宋代洪迈《容斋随笔》："陈慥，字季常，公弼之子，居于黄州之歧亭，自称龙丘先生，又曰方山子。"

黄冈，今湖北黄冈。宋代乐史《太平寰宇记》："黄冈县，本汉西陵县地，属江夏郡。齐曰南安县地。北齐置巴州，后周又为弋州，皆此邑城。隋于此立郡理焉。唐中和五年随州移就大江边。”

【注释】

①细马：良马。《旧唐书》：“凡马，有左右监，以别其粗良，以数纪名，著之簿籍。细马称左，粗马称右。”

②洛城花：指牡丹。欧阳修《洛阳牡丹记》：“（牡丹）出洛阳者，今为天下第一。”

③紫云车：晋代张华《博物志》：“汉武帝好仙道，祭祀名山大泽，以求神仙之道。时西王母遣使乘白鹿，告帝当来，乃供帐九华殿以待之。七月七日夜漏七刻，王母乘紫云车而至。”

④洞府：指神仙所居之处。

⑤铅鼎养丹砂：铅鼎，道教的炼丹炉。唐代杜光庭《仙传拾遗》：“真人指一岩室，使栖止其中，复令斋心七日，乃示其阳垆阴鼎，柔金炼化冰玉之方，伏汞炼铅朱髓之诀。”丹砂，炼制丹药的矿物。晋代葛洪《抱朴子》：“刘元丹法：以丹砂内玄水液中，百日紫色，握之不污手。又和以云母水，内管中漆之，投井中百日，化为赤水，服一合得百岁，久服长生也。”

减字木兰花

陈瓘

世间药院。只爱大黄①甘草贱。急急加工。更靠硫黄②与鹿茸③。

鹿茸吃了。却恨世间凉药少。冷热平均。须是松根白茯苓④。

【解题】

陈瓘（1057—1122），字莹中，号了翁，沙县（今福建沙县）人，北宋官员，著有《了斋集》。

【注释】

①大黄：宋代苏颂《本草图经》：“（大黄）今蜀川、河东、陕西州郡皆有之，以蜀川锦文者佳。其次秦陇来者，谓之土蕃大黄。正月内生青叶，似蓖麻，大者如扇。根如芋，大者如碗，长一二尺，其细根如牛蒡，小者亦如芋。四月开黄花，亦有青红似荞麦花者。茎青紫色，形如竹。二、八月采根，去黑皮，切作横片，火干。蜀大黄乃作紧片，如牛舌形，谓之牛舌大黄。二者功用相等。江淮出者曰土大黄，二月开花，结细实。”

②硫黄：《本草图经》：“（硫黄）今惟出南海诸番，岭外州郡或有而不甚佳。鹅黄者名昆仑黄，赤色者名石亭脂，青色者名冬结石，半白半黑者名神惊石，并不堪入药。又有一种水硫黄，出广南及资州溪涧，水中流出，以茅收取熬出，号真珠黄，气腥臭，止入疮药，亦可煎炼成汁，以模写作器，亦如鹅子黄色。”

③鹿茸：《本草图经》：“（鹿茸）今有山林处皆有之，四月角欲生时取其茸，阴干。以形如小紫茄者为上，或云茄子茸太嫩，血气犹未具，不若分歧如马鞍形者有力。茸不可嗅，其气能伤人鼻。”

④茯苓：《本草》：“伏苓，千岁松脂也。菟丝生其上而无根，

一名女萝。上有菟丝，下有茯神。茯苓皆自作块，不附着根上，其抱根而轻虚者为茯神。”《本草图经》:“今泰、华、嵩山皆有之。出大松下，附根而生，无苗叶花实，作块如拳，在土底。大者至数斤，有赤、白二种。或云松脂变成，或云假松气而生。”

木兰花慢·游天师张公洞

张炎

风雷开万象[①]，散天影、入虚坛。看峭壁重云，奇峰献玉，光洗琅玕[②]。青苔古痕暗裂，映参差、石乳[③]倒悬山。那得虚无幻境，元来透彻玄关。

跻攀。竟日忘还。空翠滴、逼衣寒。想邃宇阴阴，炉存太乙[④]，难觅飞丹[⑤]。泠然洞灵去远，甚千年、都不到人间[⑥]。见说寻真有路，也须容我清闲。

【解题】

天师张公洞，在今江苏宜兴。

【注释】

①风雷开万象：明代都穆《南濠集》：“张公洞石壁三面，俨如堂宇，通明处可四丈，谓之天窗。杂树蒙翳，天光下垂，传为赤乌中震霆所劈。”

②琅玕：《淮南子》：“西北方之美者，有昆仑之球琳、琅玕焉。”高诱注曰：“球琳、琅玕皆美玉也。”

③石乳：《本草》：“乳有三种：有石钟乳，其山纯石，以石

津相滋，状如蝉翼，为石乳，石乳性温。有竹乳，其山多生篁竹，以竹津相滋乳，如竹状，其性平。有茅山之乳，其山土石相杂，遍生茅草，以茅津相滋乳，谓之茅山之乳，性微寒。”

④炉存太乙：太乙炉，道士的炼丹炉。

⑤飞丹：唐代杜光庭《墉城集仙录》：“仙方凡有九品：一名太和自然龙胎之醴，二名玉胎琼液之膏，三名飞丹紫华流精，四名朱光云碧之腴，五名九种红华神丹，六名太清金液之华，七名九转霜雪之丹，八名九鼎云英，九名云光石流飞丹，此皆九转之次第也。”

⑥泠然洞灵去远，甚千年、都不到人间：晋代干宝《搜神记》：“辽东城门有华表柱，忽有一白鹤集柱头。时有少年举弓欲射之，鹤乃飞，徘徊空中而言曰：‘有鸟有鸟丁令威，去家千岁今来归，城郭如故人民非，何不学仙冢垒垒？’遂高上冲天而去。后人于华表柱立二鹤，至此始矣。今辽东诸丁，云其先世有升仙者，不知名字。”

与药为伴的宋代日常

临江仙

邓肃

夜饮不知更漏[①]永，余酣困染朝阳。庭前莺燕乱丝簧。醉眠犹未起，花影满晴窗。

帘外报言天色好，水沉[②]已染罗裳。檀郎[③]欲起趁春狂。佳人嗔不语，劈面噀丁香[④]。

【解题】

邓肃(1091—1132)，字志宏，号栟榈，沙县(今福建沙县)人，宋代著名谏官，著有《栟榈集》。

【注释】

①更漏：漏刻，古代的计时器。

②水沉：沉水香，又名沉香。宋代丁谓《天香传》："香之类有四：曰沉，曰栈，曰生结，曰黄熟。其为状也，十有二，沉香得其八焉：曰乌文格，土人以木之格，其沉香如乌文木之色而泽，更取其坚格，是美之至也；曰黄蜡，其表如蜡，少刮削之，黳紫相半，乌文格之次也；曰牛目与角及蹄；曰雉头洎髀若骨，

此沉香之状。土人别曰牛眼、牛角、牛蹄、鸡头、鸡腿、鸡骨。曰昆仑梅格，栈香也，此梅树也。黄黑相半而稍坚，土人以此比栈香也。曰虫镂，凡曰虫镂，其香尤佳，盖香兼黄熟，虫蛀及攻，腐朽尽去，菁英独存者也。曰伞竹格，黄熟香也。如竹，色黄白而带黑，有似栈也。曰茅叶，如茅叶至轻，有入水而沉者，得沉香之余气也。燃之至佳，土人以其非坚实，抑之为黄熟也。曰鹧鸪斑，色驳杂如鹧鸪羽也。生结香也，栈香未成沉者有之，黄熟未成栈者有之。”

③檀郎：檀奴，晋代潘岳的小名。《世说新语》：“潘岳妙有姿容，好神情。少时挟弹出洛阳道，妇人遇者，莫不连手共萦之。”后以“檀奴”“檀郎”代指美男子。

④劈面噀（xùn）丁香：噀，喷水。丁香，《本草》：“树高丈余，凌冬不凋。其子出枝叶上，如钉，长三四分，紫色。有粗大如山茱萸者，谓之母丁香。治口气，即御史所含之香也。”

沁园春·闲居

王质

二百年间，十二时中，悲欢往来。但盖头一把，容身方丈，无多缘饰，莫遣尘埃。屈曲成幽，萧条生净，野草闲花都妙哉。家无力，虽然咫尺，强作萦回。

竹斋。向背松斋[1]。须次第、春兰秋菊开。在竹篱虚处，密栽甘橘，荆桥斜畔，疏种香梅。山芋芼羹[2]，地黄酿粥[3]，冬后春前皆可栽。门通水，荷汀蓼渚，足可徘徊。

【注释】

①向背松斋：此处指竹斋与松斋前后相连。向背，正面和背面。

②山芋芼（mào）羹：《本草》："薯蓣一名山芋，秦楚名曰玉延，郑越名曰土薯。益力气，长肌肉，除邪气，久服轻身，耳目聪明，不饥延年。"芼羹，指做山芋羹。

③地黄酿粥：《尔雅》："苄，地黄。"郭璞注："一名地髓，江东呼苄。"《本草图经》："地黄，二月生，叶似车前，叶上有皱文而不光，高者及尺余，低者三四寸。其花似油麻花而红紫色，亦有黄花者；其实作房如连翘，子甚细而沙褐色；根如人手指，通黄色。"

踏莎行

张抡

割断凡缘，心安神定。山中采药修身命。青松林下茯苓多，白云深处黄精[1]盛。

百味甘香，一身清净。吾生可保长无病。八珍五鼎[2]不须贪，荤膻浊乱人情性。

【解题】

张抡，生卒年不详，字才甫，号莲社居士，开封（今河南开封）人，南宋官员，著有《莲社词》。

【注释】

①黄精:《本草图经》:“黄精，南北皆有，以嵩山、茅山者为佳。三月生苗，高一二尺以来，叶如竹叶而短，两两相对，茎梗柔脆，颇似桃枝，本黄末赤;四月开细青白花，状如小豆花，结子白如黍粒，亦有无子者，根如嫩生姜而黄色;二月采根，蒸过暴干用。”

②八珍五鼎：八珍，指八种珍贵的食物。《周礼》:“食医掌和王之六食、六饮、六膳、百羞、百酱、八珍之齐。”五鼎，指贵族饮食所用之鼎。《史记》:“主父（偃）曰:‘臣结发游学四十余年，身不得遂，亲不以为子，昆弟不收，宾客弃我，我厄日久矣。且丈夫生不五鼎食，死即五鼎烹耳。吾日暮途远，故倒行暴施之。’”

贺新郎·郡宴和韵

刘克庄

草草池亭宴。又何须、珠鞲[1]络臂，琵琶遮面。宾主一时词翰手，倏忽龙蛇满案。传写处、尘飞莺啭。但得时平鱼稻熟，这腐儒、不用青精饭[2]。阴雾扫，霁华见。

使君偿了丰年愿。便从今、也无敲扑[3]，也无厨传[4]。试拂笼纱看壁记[5]，几个标名渠观[6]。想九牧[7]、闻风争羡。此老饱知民疾苦，早归来、载笔熏风殿[8]。诗有讽[9]，赋无劝[10]。

【解题】

刘克庄（1187—1269），字潜夫，号后村居士，莆田（今福建莆田）人，南宋官员，江湖诗派代表诗人，著有《后村大全集》。

【注释】

①珠韝（bèi）：珠玉臂衣，弹奏者的服饰。

②青精饭：杜甫《赠李白》："岂无青精饭，令我颜色好？"宋代林洪《山家清供》："按《本草》：'南烛木，今名黑饭草，又名旱莲草。'即青精也。采枝叶，捣汁，浸上白好粳米，不拘多少，候一二时，蒸饭。曝干，坚而碧色，收贮。如用时，先用滚水，量以米数，煮一滚即成饭矣。用水不可多，亦不可少。久服延年益颜。"

③敲扑：指棍棒。汉代贾谊《过秦论》："及至始皇，奋六世之余烈，振长策而御宇内，吞二周而亡诸侯，履至尊而制六合，执敲扑以鞭笞天下，威振四海。"

④厨传：汉宣帝元康二年五月诏书："吏务平法。或擅兴繇役，饰厨传，称过使客，越职逾法，以取名誉，譬犹践薄冰以待白日，岂不殆哉！"韦昭注："厨谓饮食，传谓传舍。言修饰意气，以称过使而已。"

⑤试拂笼纱看壁记：五代王定保《唐摭言》："王播少孤贫，尝客扬州惠昭寺木兰院，随僧斋餐。诸僧厌怠，乃斋罢而后击钟。播至，已饭矣。后二纪，播自重位出镇是邦，因访旧游，向之题已皆碧纱幕其上。播继以二绝句，曰：'三十年前此院游，木

兰花发院新修。而今再到经行处，树老无花僧白头。’‘上堂已了各西东，惭愧阇黎饭后钟。三十年来尘扑面，如今始得碧纱笼。’”

⑥渠观：指汉代的石渠阁和东观。《三辅黄图》：“石渠阁，萧何造，其下砻石为渠以导水，若今御沟，因为阁名。所藏入关所得秦之图籍；至于成帝，又于此藏秘书焉。”《后汉书》：“邓太后诏使（刘珍）与校书刘騊駼、马融及五经博士，校定东观五经、诸子传记、百家艺术，整齐脱误，是正文字。”

⑦九牧：九州。《礼记》：“九州之长，入天子之国曰牧。”郑玄注：“每一州之中，天子选诸侯之贤者以为之牧也。”

⑧载笔熏风殿：《旧唐书》：“文宗夏日与学士联句。帝曰：‘人皆苦炎热，我爱夏日长。’公权续曰：‘熏风自南来，殿阁生微凉。’时丁、袁五学士皆属继，帝独讽公权两句，曰：‘辞清意足，不可多得。’乃令公权题于殿壁，字方圆五寸，帝视之叹曰：‘钟、王复生，无以加焉！’”

⑨诗有讽：《毛诗序》：“诗有六义焉：一曰风，二曰赋，三曰比，四曰兴，五曰雅，六曰颂。上以风化下，下以风刺上。主文而谲谏，言之者无罪，闻之者足以戒，故曰风。”

⑩赋无劝：扬雄《法言》：“或曰：‘赋可以讽乎？’曰：‘讽乎？讽则已；不已，吾恐不免于劝也。’”

宋代也有“可口可乐”

摊破浣溪沙

李清照

病起萧萧两鬓华。卧看残月上窗纱。豆蔻连梢煎熟水[1]，莫分茶[2]。

枕上诗书闲处好，门前风景雨来佳。终日向人多酝藉，木犀花[3]。

【注释】

①豆蔻连梢煎熟水：豆蔻，此处指白豆蔻。《本草图经》：“（白豆蔻）今广州、宜州亦有之，不及番舶来者佳。”“古方：治胃冷、吃食即欲吐及呕吐六物汤，皆用白豆蔻，大抵主胃冷，即相宜也。”宋代陈元靓《事林广记》：“夏月凡造熟水，先倾百盏滚汤在瓶器内，然后将所用之物投入。密封瓶口，则香倍矣。”“白豆蔻壳拣净，投入沸汤瓶中，密封片时用之，极妙。每次用七个足矣。不可多用，多则香浊。”

②分茶：托名宋代陶谷《荈茗录》：“茶至唐始盛。近世有下汤运匕，别施妙诀，使汤纹水脉成物象者，禽兽虫鱼花草之属，

纤巧如画，但须臾即就散灭，此茶之变也。时人谓之茶百戏。”

③木犀花：明代李时珍《本草纲目》：“（木犀）其花有白者，名银桂；黄者，名金桂；红者，名丹桂。有秋花者、春花者、四季花者、逐月花者。其皮薄而不辣，不堪入药。惟花可收茗、浸酒、盐渍，及作香茶、发泽之类耳。”

清平乐·熟水

扬无咎

开心暖胃。最爱门冬[①]水。欲识味中犹有味。记取东坡诗意[②]。

笑看玉笋[③]双传。还思此老亲煎[④]。归去北窗高卧[⑤]，清风不用论钱[⑥]。

【注释】

①门冬：麦门冬。《本草图经》：“（麦门冬）所在有之。叶青似莎草，长及尺余，四季不凋。根黄白色，有须根如连珠形。四月开淡红花，如红蓼花。实碧而圆如珠。江南出者，叶大。或云吴地者尤胜。”

②记取东坡诗意：苏轼《睡起，闻米元章冒热到东园送麦门冬饮子》：“一枕清风直万钱，无人肯买北窗眠。开心暖胃门冬饮，知是东坡手自煎。”

③玉笋：形容女子的手指。唐代韩偓《咏手》：“腕白肤红玉笋芽，调琴抽线露尖斜。”

④还思此老亲煎：此老，指苏轼。

⑤归去北窗高卧：晋代陶渊明《与子俨等书》："常言五六月中，北窗下卧，遇凉风暂至，自谓是羲皇上人。"

⑥清风不用论钱：李白《襄阳歌》："清风朗月不用一钱买，玉山自倒非人推。"

点绛唇·紫苏熟水

扬无咎

宝勒[①]嘶归，未教佳客轻辞去。姊夫屡鼠。笑听殊方语。

清入回肠，端助诗情苦。春风路。梦寻何处。门掩桃花雨。

【解题】

紫苏，《本草》："叶下紫色，而气甚香，其不紫无香者为野苏，不堪用。其子主下气，与橘皮相宜。"《本草图经》："苏，紫苏也。处处有之，以背面皆紫者佳。夏采茎叶，秋采子。"

【注释】

①宝勒：原指华贵的马络头，后代指名贵的宝马。陈琳《玛瑙勒赋》："尔乃他山为错，荆和为理，制为宝勒，以御君子。"

瑞龙吟·送梅津

吴文英

黯分袖。肠断去水流萍，住船系柳。吴宫娇月娆花，醉题恨倚，蛮江豆蔻[①]。吐春绣。笔底丽情多少，眼波眉岫。新园锁却愁阴，露黄漫委，寒香半亩[②]。

还背垂虹[③]秋去，四桥[④]烟雨，一宵歌酒。犹忆翠微携壶，乌帽风骤[⑤]。西湖到日，重见梅钿皱。谁家听、琵琶未了，朝骢嘶漏[⑥]。印剖黄金籀。待来共凭，齐云[⑦]话旧。莫唱朱樱口。生怕遣、楼前行云知后。泪鸿怨角，空教人瘦。

【解题】

陈洵《海绡说词》："一词有一词命意所在，不得其意，则词不可读也。题是梦窗送梅津，词则惟说梅津伤别。所伤又是他人，置身题外，作旁观感叹，用意透过数层。'黯分袖'，谓梅津在吴，所眷者此时不在别筵也。第一二段设景设情，皆是空际存想。后阕始叙别筵，'一宵歌酒'，陡住。'翠微'是西湖上山，故下云'西湖到日'。'犹忆'是逆溯，'到日'是倒提。'谁家听、琵琶未了，朝骢嘶漏'，乃用孙巨源在李太尉家闻召事。梅津此时盖由吴赴阙也。'待来共凭，齐云话旧'，一笔钩转。然后以'莫唱朱樱口'一句归到别筵。'空教人瘦'，则黯分袖之人也。吴词之奇幻，真是急索解人不得。"

【注释】

①蛮江豆蔻：蛮江，泛指南方少数民族聚居地带之江水。豆蔻，植物名，又名草果，春夏间开黄白色花。

②新园锁却愁阴，露黄漫委，寒香半亩：汉代赵岐《三辅决录》："蒋诩归乡里，荆棘塞门，舍中有三径，不出，唯求仲、羊仲从之游。"晋代陶潜《归去来兮辞》："归去来兮，田园将芜

胡不归?”“三径就荒，松菊犹存。”

③垂虹：垂虹亭，宋代王象之《舆地纪胜》:“在吴县利往桥东西千余尺。用木万计，前临具区，横绝松陵，湖光海气，荡漾一色，乃三吴之绝景。桥有亭曰‘垂虹’，苏子美有诗甚豪。”

④四桥：第四桥，又名甘泉桥。范成大《吴郡志》:“松江水，在水品第六，世传第四，桥下水是也。桥今名甘泉桥，好事者往往以小舟汲之。”

⑤犹忆翠微携壶，乌帽风骤:《晋书》:“(孟嘉)后为征西桓温参军，温甚重之。九月九日温燕龙山，寮佐毕集。时佐吏并着戎服。有风至，吹嘉帽堕落。嘉不之觉，温使左右勿言，欲观其举止。嘉良久如厕，温令取还之。命孙盛作文嘲嘉，着嘉坐处。嘉还见，即答之。其文甚美，四坐嗟叹。”

⑥谁家听、琵琶未了，朝骢嘶漏：宋代洪迈《夷坚志》:“孙洙字巨源。元丰间为翰苑，名重一时。李端愿太尉，世戚里，折节交缙绅间，而孙往来尤数。会一日锁院，宣召者至其家，则已出。数十辈踪迹之，得于李氏。时李新纳妾，能琵琶，孙饮不肯去，而迫于宣命，李不敢留，遂入院。已二鼓矣。草三制罢，复作长短句，寄恨恨之意，迟明，遣示李。其词曰:‘楼头尚有三通鼓，何须抵死催人去。上马苦匆匆，琵琶曲未终。回头凝望处，那更廉纤雨。漫道玉为堂，玉堂今夜长。’”

⑦齐云:《吴郡志》:“齐云楼，在郡治后子城上。绍兴十四年，郡守王映重建。两挟循城，为屋数间，有二小楼翼之，轮奂雄特，

不惟甲于二浙，虽蜀之西楼、鄂之南楼、岳阳楼、庾楼皆在下风。父老谓兵火之后官寺草创，惟此楼胜承平时。楼前同时建文武二亭。”

用药名创作的宋词

生查子·药名寄章得象陈情

陈亚

朝廷数擢贤①，旋占凌霄路②。自是郁陶人③，险难无移处④。

也知没药⑤疗饥寒，食薄何相误⑥。大幅纸⑦连粘，甘草归田赋⑧。

【解题】

陈亚，生卒年不详，字亚之，维扬（今江苏扬州）人，北宋官员，好为药名诗，著有《陈亚之集》。

章得象（978—1048），字希言，浦城（今福建浦城）人，北宋官员，著有《章文简公诗集》等。

【注释】

①数（shuò）擢（zhuó）贤：数，屡次。擢，选拔、提拔。数擢，为中药“蒴藋”的谐音。蒴藋，《本草图经》：“蒴藋生田野，所在有之，春抽苗，茎有节，节闲生枝，叶大似水芹。”

②凌霄路：指得势而居高位。凌霄，为中药“凌霄”的双关。凌霄，又名紫葳，《本草图经》：“今处处皆有，多生山中，人家

园圃亦或栽之。初作蔓生，依大木，久延至巅。其花黄赤，夏中乃盈。今医家多采花，干之，入女科药用。”

③郁陶人：郁陶，心情抑郁。陶人，为中药“桃仁”的谐音。《本草纲目》：“桃仁行血，宜连皮尖生用；润燥活血，宜汤浸去皮尖炒黄用，或麦麸同炒，或烧存性，各随本方。双仁者有毒，不可食。”

④无移处：无移，为中药“芜荑”的谐音。芜荑，《本草图经》：“近道亦有之，以太原者良。大抵榆类而差小，其实亦早成。此榆乃大气臭。郭璞《尔雅注》云：‘无姑，姑榆也。生山中，叶圆而厚，剥取皮，合渍之，其味辛香。’所谓芜荑也。采实，阴干用。今人又多取作屑，以芼五味。惟陈者良，人收藏之，多以盐渍，则失气味。但宜食品，不堪入药。”

⑤没药：为中药“没药”的双关。没药，又名末药，《本草图经》：“今海南诸国及广州或有之。木之根株皆如橄榄，叶青而密。岁久者则有脂液流滴，在地下凝结成块，或大或小，亦类安息香，采无时。”

⑥食薄何相误：食薄，即“薄禄相”。薄何，为中药“薄荷”的谐音。薄荷，《本草图经》：“薄荷，处处有之。茎叶似荏而尖长，经冬根不死，夏秋采茎叶曝干。古方稀用，或与薤作齑食，近世治风寒为要药，故人家多莳之。”

⑦大幅纸：为中药“大腹子”的谐音。大腹子，又名大腹槟榔，《岭表录异》：“槟榔交广生者，非舶槟榔，皆大腹子也。彼中悉呼为槟榔。交趾豪士皆家园植之，其树茎叶根干与桄榔、

榔子小异也。安南人自嫩及老采实啖之，以不娄藤兼之瓦屋子灰，竞咀嚼之。自云：交州地温，不食此无以祛去瘴疠。广州亦啖槟榔，然不甚于安南也，府郭内亦无槟榔树。”

⑧甘草归田赋：《归田赋》，汉代张衡创作的小赋。甘草，为中药“甘草”的双关。甘草，《本草图经》：“（甘草）今陕西、河东州郡皆有之。春生青苗，高一二尺，叶如槐叶。七月开紫花，似柰。冬结实，作角子，如毕豆。根长者三四尺，粗细不定。皮赤色。上有横梁，梁下皆细根也。采得去芦头及赤皮，阴干用。今甘草有数种，以坚实断理者为佳，其轻虚纵理及细韧者不堪，惟货汤家用之。”

生查子·药名闺情

陈亚

相思意已深①，白纸②书难足。字字苦参商③，故要槟郎读④。

分明记得约当归⑤，远至樱桃熟⑥。何事菊花⑦时，犹未回乡曲⑧。

【注释】

①相思意已深：相思，为中药“相思子”的双关。相思子，《本草纲目》：“相思子生岭南，树高丈余，白色，其叶似槐，其花似皂荚，其荚似扁豆，其子大如小豆，半截红色，半截黑色，彼人以嵌首饰。”意已，为中药“薏苡”的谐音。薏苡，《本草图经》：“薏苡，所在有之。春生苗，茎高三四尺，叶如

黍叶，开红白花，作穗。五六月结实，青白色，形如珠子而稍长，故人呼为薏珠子。小儿多以线穿如贯珠为戏。九月十月采其实。”

②白纸：为中药“白芷”的谐音。白芷，《本草图经》：“所在有之，吴地尤多。根长尺余，粗细不等。白色枝干，去地五寸以上。春生叶，相对婆娑，紫色，阔三指许，花白微黄。入伏后结子，立秋后苗枯。二月、八月采，暴以黄泽者为佳。”

③字字苦参（shēn）商：参商，指参星和商星。苦参，为中药“苦参”的谐音。苦参，《本草图经》：“其根黄色，长五七寸许，两指粗细。三五茎并生，苗高三四尺以来。叶碎青色，极似槐叶。春生冬凋。其花黄白色。七月结实如小豆子。河北生者无花子。五月、六月、十月，采根暴干。”

④故要槟郎读：槟郎，为中药“槟榔”的双关。槟榔，《本草图经》：“今岭外州郡皆有之。木大如桄榔，而高五七丈，正直无枝，皮似青桐，节似桂枝。叶生木颠，大如楯头，又似芭蕉叶。其实作房，从叶中出，旁有刺，若棘针，重叠其下。一房数百实，如鸡子状，皆有皮壳。其实春生，至夏乃熟，肉满壳中，色正白。”郎读，为中药“狼毒”的谐音。宋代马志《开宝本草》：“狼毒叶似商陆及大黄，茎叶上有毛，根皮黄肉白。以实重者为良，轻者为力劣。”

⑤当归：为中药“当归”的双关。当归，《本草图经》：“今川蜀、陕西诸郡及江宁府、滁州皆有之，以蜀中者为胜。春生苗，

绿叶有三瓣。七八月开花，似莳萝，浅紫色。根黑黄色。以肉厚而不枯者为胜。”

⑥远至樱桃熟：远至，为中药“远志”的谐音。远志，《本草图经》：“今河、陕、洛、西州郡亦有之。根形如蒿根，黄色。苗似麻黄而青，又如毕豆。叶亦有似大青而小者。三月开白花，根长及一尺。泗州出者花红，根叶俱大于他处。商州出者根又黑色。俗传夷门出者最佳。四月采根晒干。古方通用远志、小草。今医但用远志，稀用小草。”樱桃，亦为中药，《本草图经》：“樱桃处处有之，而洛中者最胜。其木多阴，先百果熟，故古人多贵之。其实熟时，深红色者，谓之朱樱；紫色，皮里有细黄点者，谓之紫樱，味最珍重。又有正黄明者，谓之蜡樱；小而红者，谓之樱珠，味皆不及。极大者，有若弹丸，核细而肉厚，尤难得。”

⑦菊花：亦为中药，《本草图经》：“处处有之，以南阳菊潭者为佳。初春布地生细苗，夏茂，秋花，冬实。然种类颇多，惟紫茎气香叶厚至柔者，嫩时可食。花微大，味甚甘者为真。其茎青而大，叶细气烈似蒿艾，花小味苦者，名苦薏，非真也。南阳菊亦有两种：白菊叶大如艾叶，茎青根细，花白蕊黄；其黄菊叶似茼蒿，花蕊都黄。今服饵家多用白者。又有一种开小小花，瓣下如小珠子，谓之珠子菊，云入药亦佳。”

⑧犹未回乡曲：回乡，为中药“茴香”的谐音。茴香，又名蘹香，《本草图经》：“今交、广诸蕃及近郡皆有之。入药多用番舶者，或云不及近处者有力。三月生叶，似老胡荽，极疏细，

作丛。至五月茎粗，高三四尺。七月生花，头如伞盖，黄色。结实如麦而小，青色。北人呼为土茴香。八九月采实阴干。今近道人家园圃种之甚多。川人多煮食其茎叶。”

定风波·用药名招马荀仲游雨岩，马善医

辛弃疾

山路风来草木香[①]。雨余凉意到胡床[②]。泉石膏肓[③]吾已甚。多病。堤防风[④]月费篇章。

孤负寻常山简醉[⑤]。独自。故应知子草玄[⑥]忙。湖海早[⑦]知身汗漫。谁伴。只甘松[⑧]竹共凄凉。

【注释】

①木香：为中药“木香”的双关。木香，《本草图经》：“根窠大类茄子，叶似羊蹄而长大，亦有如山药而根大开紫花者。不拘时月，采根芽为药，以其形如枯骨、味苦粘牙者为良。江淮间亦有此种，名土青木香，不堪药用。”

②雨余凉意到胡床：雨余凉，为中药“禹余粮”的谐音。禹余粮，《本草图经》：“今惟泽州、潞州有之。旧说形如鹅鸭卵，外有壳。今图上者全是山石之形，都不作卵状，与旧说小异。采无时。张华《博物志》言：扶海洲上有筛草，其实食之如大麦，名自然谷，亦名禹余粮，世传禹治水弃其所余食于江中而为药。则筛草与此异物同名，抑与生池泽者同种乎?”胡床，又名交椅，一种可以折叠的轻便坐具，因由胡地传入，故名。

③泉石膏肓（huāng）:《旧唐书》:“田游岩，京兆三原人也。……后入箕山，就许由庙东筑室而居，自称许由东邻。调露中，高宗幸嵩山，遣中书侍郎薛元超就问其母，游岩山衣田冠出拜，帝令左右扶止之，谓曰:‘先生养道山中，比得佳否?’游岩曰:‘臣泉石膏肓，烟霞痼疾。既逢圣代，幸得逍遥。’帝曰:‘朕今得卿，何异汉获四皓乎!’”石膏，为中药名,《本草图经》:“石膏，今汾、孟、虢、耀州、兴元府亦有之。生于山石上，色至莹白，与方解石肌理形段刚柔绝相类。今难得真者。用时惟以破之皆作方棱者，为方解石。今石膏中时时有莹澈可爱有纵理而不方解者，或以为石膏，然据《本草》又似长石。或又谓青石间往往有白脉贯彻类肉之膏肪者为石膏，此又《本草》所谓理石也。不知石膏定是何物，今且依市人用方解石尔。”

④防风：为中药名,《本草图经》:“今汴东、淮、浙州郡皆有之。茎叶俱青绿色，茎深而叶淡，似青蒿而短小。春初时嫩紫红色，江东宋亳人采作菜茹，极爽口。五月开细白花，中心攒聚作大房，似莳萝花。实似胡荽子而大。根土黄色，与蜀葵根相类。二月、十月采之。关中生者，三月、六月采之，然轻虚不及齐州者良。又有石防风，出河中府，根如蒿根而黄，叶青花白，五月开花，六月采根暴干，亦疗头风眩痛。”

⑤常山：为中药名,《本草图经》:“今汴西、淮、浙、湖南州郡亦有之。……而海州出者，叶似楸叶。八月有花，红白色。子碧色，似山楝子而小。”

⑥知子草玄：知子，为中药“栀子”的谐音。栀子，又作卮子，《本草图经》：“今南方及西蜀州郡皆有之。木高七八尺，叶似李而厚硬，又似樗蒲子。二三月生白花，花皆六出，甚芬香。俗说即西域薝卜也。夏秋结实，如诃子状，生青熟黄，中仁深红。南人竞种以售利。”草玄，指扬雄作《太玄经》。《汉书》：“（扬雄）以为经莫大于《易》，故作《太玄》。”

⑦海早：为中药“海藻”的谐音。海藻，《本草图经》：“此即水藻生于海中者，今登、莱诸州有之。陶隐居引《尔雅》纶、组注昆布，谓昆布似组，青苔、紫菜似纶。而陈藏器以纶、组为二藻。陶说似近之。”

⑧甘松：为中药名。《本草图经》：“今黔、蜀州郡及辽州亦有之。丛生山野，叶细如茅草，根极繁密。八月采之，作汤浴，令人身香。”

定风波·再和前韵药名

辛弃疾

仄月高寒水石[1]乡。倚空青[2]碧对禅床。白发自怜心[3]似铁。风月。使君子[4]细与平章。

已判生涯筇竹[5]杖。来往。却惭沙[6]鸟笑人忙。便好剩留黄绢句[7]。谁赋。银钩小草[8]晚天凉。

【注释】

①寒水石：为中药名，即石膏。

②空青：为中药名，《本草图经》：“今饶、信州亦时有之。状若杨梅，故名杨梅青。其腹中空，破之有浆者，绝难得。”

③怜心：为中药“莲心”的谐音。莲心，又名莲薏、苦薏，《本草纲目》：“即莲子中青心也。”

④使君子：为中药名，《本草图经》：“今岭南州郡皆有之。生山野中及水岸。其茎作藤，如手指大。其叶如两指头，长二寸。三月生花，淡红色，久乃深红，有五瓣。七八月结子，如拇指大，长一寸许。大类栀子而有五棱。其壳青黑色，内有仁，白色。七月采之。”

⑤筇（qióng）竹：为中药名，《本草纲目》：“其节或暴或无、或促或疏。暴节竹出蜀中，高节磥砢即筇竹也。”

⑥惭沙：为中药“蚕沙”的谐音。蚕沙，《本草图经》：“蚕沙、蚕蛾皆用晚出者良。”

⑦便好剩留黄绢句：留黄，为中药“硫黄”的谐音。《世说新语》：“魏武尝过曹娥碑下，杨修从，碑背上见题作‘黄绢幼妇外孙齑臼’八字，魏武谓修曰：‘解不？’答曰：‘解。’魏武曰：‘卿未可言，待我思之。’行三十里，魏武乃曰：‘吾已得。’令修别记所知。修曰：‘黄绢，色丝也，于字为绝。幼妇，少女也，于字为妙。外孙，女子也，于字为好。齑臼，受辛也，于字为辞。所谓绝妙好辞也。’魏武亦记之，与修同，乃叹曰：‘我才不及卿，乃觉三十里。’”

⑧小草：亦为中药名，即远志。

宋·王诜《渔村小雪图卷》

宋·王诜《渔村小雪图卷》

宋・王诜 《渔村小雪图卷》